Mikroplastik in der Umwelt

Herkunft, Verbleib und Auswirkungen

Bibliografische Information der Deutschen Nationalbibliothek:

Die Deutsche Nationalbibliothek verzeichnet diese Publikation in der Deutschen Nationalbibliografie; detaillierte bibliografische Daten sind im Internet über http://dnb.d-nb.de abrufbar.

Impressum:

Ein Imprint der GRIN Publishing GmbH, München

Druck und Bindung: Books on Demand GmbH, Norderstedt, Germany

Covergestaltung: GRIN Publishing GmbH

Inhaltsverzeichnis

Abbildungsverzeichnis

Tabellenverzeichnis

1 Einleitung

Kunststoff – umgangssprachlich Plastik – scheint aus der heutigen Zeit nicht mehr wegzudenken zu sein und wird in vielen Bereichen der Industrie, unter anderem in der Automobil- und Textilindustrie, im Baugewerbe, in der Medizintechnik sowie im alltäglichen Leben genutzt. Hauptsächlich aber dient Kunststoff in großen Mengen als Verpackungsmaterial. Das war nicht immer so, denn Kunststoffe, so wie wir sie kennen, gibt es noch gar nicht so lange. Innerhalb der letzten 70 Jahre hat sich die Produktion von Kunststoffen um ein Vielfaches erhöht. Im Jahr 1950 wurde die Industrie langsam auf die Kunststoffe aufmerksam. Vorteile, wie die Vielseitigkeit und das geringere Gewicht gegenüber anderen Werkstoffen, wurden erkannt. Die kostengünstige Herstellung ermöglichte der Wirtschaft große Gewinnspannen und führte zu einem weltweit steilen Anstieg der Kunststoffproduktion. Die Vorteile der Kunststoffe erschienen auf den ersten Blick revolutionär, sodass die negativen Seiten dieses Werkstoffes vernachlässigt wurden. Erst später wurde offensichtlich, dass Kunststoffe auch große Probleme bereiten. Diese beliefen sich zunächst hauptsächlich auf die riesigen anfallenden Kunststoffabfallmengen, womit die Abfallindustrie nicht umzugehen wusste. Die Überforderung der Abfallindustrie sowie die teilweise gleichgültige Einstellung von Konsumenten führten dazu, dass nicht die Gesamtheit der Kunststoffabfälle verantwortungsvoll entsorgt wurde. Ein Großteil landete und landet noch heute in der Umwelt. Dort verursacht der Kunststoffmüll nicht nur ästhetische Veränderungen, sondern durch den Zerfall zu Mikroplastik, bei dem die Partikelgröße weniger als 5 mm beträgt, nehmen auch die Gefahren zu, die mit Mikroplastik einhergehen. Ein Zustand ist erreicht, in dem selbst Kleinstlebewesen das

Plastik aufnehmen können. Das führt dazu, dass sich Mikroplastik über die Nahrungskette bis zu den Endkonsumenten ausbreitet und unabsehbare Folgen verursacht. Am Ende der Nahrungskette steht der Mensch.

Diese Arbeit rückt das Problem Mikroplastik, speziell seine Herkunft, seinen Verbleib und seine Wirkungen in der Umwelt (Deutschland) in den Fokus.

2 Die Entwicklung der Kunststoffproduktion

Kunststoffe sind Produkte der Forschung insbesondere des 20. Jahrhunderts und zählen damit zu den vergleichsweise neueren Werkstoffen. Die Abbildung 1 zeigt die Entwicklung der Kunststoffproduktion zwischen 1950 und 2011. In dieser Zeitspanne konnte die weltweite Kunststoffproduktion einen Anstieg von 1,5 Mio. Tonnen (1950) auf 288 Mio. Tonnen (2011) verzeichnen, Prognose steigend (UBA 2015a). Heute haben Kunststoffe nicht nur Holz-, Leder-, Papier-, Metall-, Glas- und Naturfaserprodukte in vielen Anwendungen ersetzt, sondern auch die Entwicklung völlig neuer Produkttypen ermöglicht (Curlee & Das 1991). Mit der Flut günstiger Kunststoffprodukte begann die Ära des Einweg-Verbrauchs sowie der Kunststoffverpackungen. Kleinste Lebensmittelmengen werden heute einzeln verpackt. Dabei nahmen zwischen 1954 und 1962 Glasverpackungen um 120%, Blechverpackungen um 84% und Kunststoffverpackungen um 3780% zu (Morlok et al. 1998).

Die stetig wachsende Weltbevölkerung in Verbindung mit dem steigenden Konsumverhalten wird den Kunststoffbedarf sowie den Kunststoffverbrauch weiter in die Höhe treiben und uns Menschen vor große Probleme stellen, solange keine alternativen Werkstoffe entwickelt werden und die Menschen ihr Konsumverhalten nicht ändern.

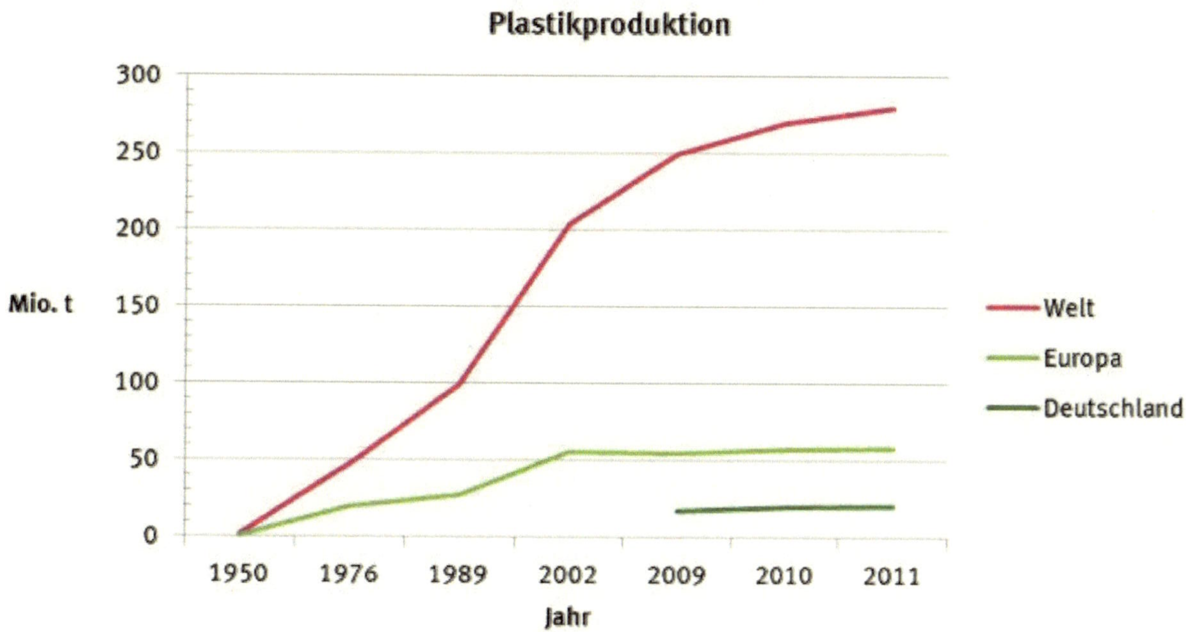

Abbildung 1: Plastikproduktion zwischen 1950 und 2011
(UBA 2015a, S. 12)

3 Entstehung und Herstellung von Kunststoffen

Als Kunststoffe werden Festkörper bezeichnet, die in bestimmten chemischen Prozessen aus entweder natürlichen oder petrochemischen[1] Rohstoffen hergestellt werden. Alle Kunststoffe sind Polymere, welche aus vielen gleichen Grundbausteinen, den sogenannten Monomeren, aufgebaut sind und zusammen ein Molekül darstellen (Pretting & Boote 2014).

Das Wort „Polymere" kommt aus dem Griechischen und setzt sich aus den Teilen „poly" (viele) und „meros" (Teile) zusammen. Polymere bestehen also aus langkettigen Makromolekülen, die sich aus einer großen Anzahl von kleinen Einheiten (Monomeren) zusammensetzen (EC 2007).

Die synthetischen, petrochemisch hergestellten Kunststoffe sind verbreiteter und vielfältiger als die abgewandelten Naturstoffe (vgl. Abb. 2). In den Bereichen Forschung und Technik werden ständig neue synthetische Kunststoffe erfunden, sodass deren Anzahl unablässig steigt. So entsteht eine Vielzahl an Möglichkeiten bei der Auswahl monomerer Bausteine sowie den verschiedenen Arten ihrer Aneinanderlagerung zu hochmolekularen Ketten (linear, verzweigt, vernetzt) (Domininghaus 1998).

Für die Produktion von traditionellem Plastik (synthetische Kunststoffe) ist Erdöl unerlässlich, sodass die weltweite Kunststoffindustrie zwischen 4% und 6% der globalen Erdölfördermenge verbraucht (Petting & Boote 2014).

1 Chemische Produkte aus Erdgas bzw. Erdöl

Die Polymerherstellung bei der Herstellung von traditionellem Kunststoff geschieht während eines Synthese-Verfahrens, bei dem drei verschiedene Arten der Synthese unterschieden werden. Die Polymerisation, die Polykondensation und die Polyaddition. Im Folgenden werden die drei Synthese-Verfahren kurz erklärt.

3.1 Polymerisation

Polymerisation ist ein Synthese-Verfahren, bei dem es durch Aufbrechen der Doppelbindungen zu einer Verkoppelung von reaktionsfreudigen Monomeren kommt. Dabei werden Einzelbausteine zu Ketten aneinandergehängt ohne Nebenprodukte abzuspalten. Eingeleitet wird die Polymerisation durch Temperatur, Druck und Katalysatoren. „Das entstehende Polymerisat enthält die Bausteine des Monomeren ohne Doppelbindungen bei einer höheren molaren Masse (Molekulargewicht)." (Hellerich, Harsch & Baur 2010, S. 9). Es werden also mehrere kleine Moleküle zu einem großen Molekül aneinandergereiht. So entstehen Kunststoffe, wie zum Beispiel Polystyrol (PS), Polypropylen (PP) und Polyethylen (PE).

3.2 Polykondensation

Die Polykondensation beschreibt eine Reaktion zwischen reaktionsfähigen Gruppen unterschiedlicher Ausgangsstoffe. Dabei sind mindestens zweifunktionelle (bifunktionelle) Ausgangsstoffe notwendig. Die Reaktion erfolgt meistens zwischen Wasserstoff und Hydroxylgruppen (-OH) unter der Bildung von Wasser. Es entstehen Thermoplaste, wenn lineare Ketten gebildet werden, wie beispielsweise bei bifunktionellen Ausgangsmonomeren. Duroplaste dagegen entstehen, wenn die Kondensationsreaktion an mehr als zwei Stellen ablaufen kann und dadurch eine räumliche Vernetzung möglich ist (Hellerich et. al 2010).

3.3 Polyaddition

Bei der Polyaddition werden unterschiedliche Komponenten infolge einer Umlagerung von Wasserstoffatomen verknüpft, wobei die Ausgangsmonomere mindestens bifunktionell sein müssen. Die Ausgangsmonomere können auch schon aus größeren Molekülen bestehen. Die einzige Bedingung ist, dass diese Moleküle dennoch reaktionsfähige Gruppen enthalten müssen. Bei der Polyaddition entstehen keine Nebenprodukte. Durch die verschiedenen Kombinationsmöglichkeiten von Ausgangskomponenten ist eine große Vielfalt der entstehenden Polyurethane möglich (Hellerich et. al 2010).

Das Kunststoffsortiment mit der Unterteilung in synthetische Kunststoffe und abgewandelte Kunststoffe sowie die verschiedenen Synthese-Arten mit den jeweiligen Endprodukten sind zur Verdeutlichung in Abbildung 2 dargestellt.

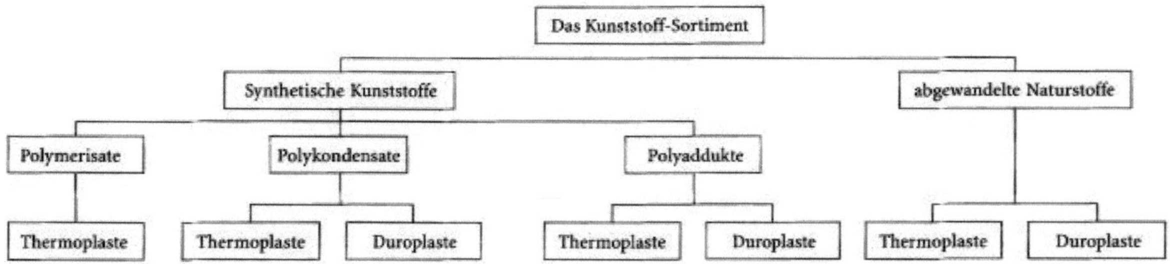

Abbildung 2: Das Kunststoffsortiment
(verändert nach Domininghaus 1998, S. 5)

3.4 Polymerklassen

Nicht alle Polymere sind gleich. Es gibt unterschiedliche Klassifizierungen für Polymere, die Rückschlüsse auf Ausgangsmaterialien (fossile oder native Biomasse), Monomertypen, Polymerstrukturen oder Art der Synthese geben (UBA 2015a). Deshalb werden Polymere in drei unterschiedliche Klassen untergliedert:

- Die natürlichen Polymere, zu denen z. B. Proteine (Enzyme, Harze, Seide), Peptide, Nukleinsäuren und Lingnin gehören.
- Die halbsynthetischen Polymere entstehen durch die Verarbeitung von natürlichen Polymeren (EC 2007). Zelluloid entsteht z. B. durch die Nitrierung der Baumwollzellulose und anschließender Zugabe von Kampfer.

  Dieses Zelluloid wird unter anderem für die Produktion von Tischtennisbällen verwendet.
- Die synthetischen Polymere (Schwedt 2013).

3.5 Anwendungsbereiche und Vorteile von Polymeren

Polymere finden nahezu in allen Lebens- und Wirtschaftsbereichen Anwendung. Die Vorteile der Polymere sind zum einen die hervorragenden, einfach zu variierenden Materialeigenschaften, zum anderen die kostengünstige Produktion, sowie ihre Persistenz. Synthetische Polymere werden nach Anordnung und Anzahl der verwendeten Monomere in Homopolymere und Copolymere eingeteilt. Das bedeutet, sie können entweder aus nur einem Monomer (Homopolymere), oder aus mehreren verschiedenartigen Monomeren (Copolymere) bestehen. Ein Beispiel für ein Copolymere ist Polyethylentherephtalat

(PET), was sich aus den Monomeren Terephthalsäure und Ethylenglycol zusammensetzt. Doch nicht nur einzelne Monomere derselben Sorte ermöglichen eine Verkettung. Auch unterschiedliche Monomere können eingesetzt werden, wodurch sich eine unendlich hohe Anzahl von Möglichkeiten ergibt, synthetische Polymere herzustellen (UBA 2015a).

3.6 Eigenschaften von Polymeren

Synthetische Polymere können mit einer großen Bandbreite von Eigenschaften produziert werden. Das geschieht durch eine flexible Gestaltung der verschiedenen Polyreaktionen (Polymerisation, Polykondensation und Polyaddition) und der Ausgangsmonomere. Außerdem können die Eigenschaften beliebig kombiniert werden, sodass die fertigen Polymere in verschiedensten Formen vorkommen und deshalb in unterschiedlichen Bereichen Anwendung finden. Sie können:

- starr oder elastisch,
- transparent, intransparent oder transluzent (durchscheinbar),
- hart oder weich,
- abbaubar oder witterungsbeständig,
- hoch- oder niedertemperaturbeständig (EC 2007).

Die Hauptursache für die unterschiedlichen Eigenschaften sind die Grundstrukturen, die abhängig von der Polymerkettenbildung, die physikalischen Eigenschaften der Polymere bestimmen. „So können sowohl lineare, verzweigte, eng- und weitmaschig vernetzte, als auch verschlaufte Makromoleküle entstehen […]" (UBA 2015, S. 11).

Abbildung 3 verdeutlicht die unterschiedlichen Strukturen der Makromoleküle.

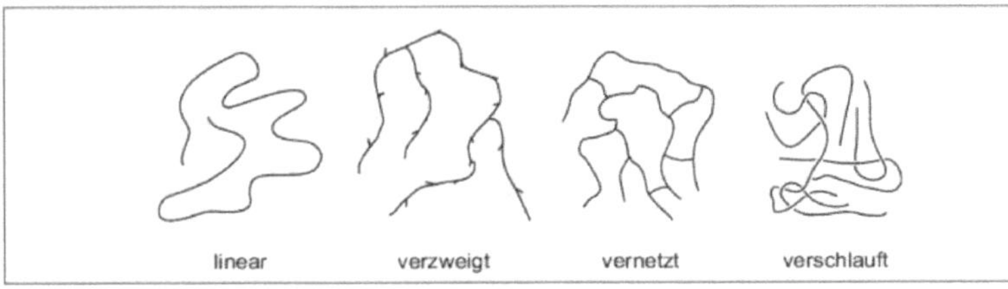

Abbildung 3: Lineare, verzweigte, vernetzte, und verschlaufte Makromoleküle
(Ehrenstein 1999 in UBA 2015a, S. 11)

Die vielfältigen Eigenschaften, die Kunststoffe gegenüber anderen Werkstoffen haben, können in der Umwelt negative Effekte verursachen (Barnes et al. 2009). Aus diesem Grund ist es enorm wichtig, dass Kunststoffe in Bezug auf ihr Verhalten in der Umwelt (beeinträchtigt durch ihre physikalische, chemische und biologische Beständigkeit) ausführlich wissenschaftlich untersucht werden (UBA 2015a).

In Bezug auf die verschiedenen Eigenschaften der Polymere wird zwischen drei Gruppen unterschieden: Den Thermoplasten, den Duroplasten und den Elastomeren. Mehrere Faktoren beeinflussen dabei die Eigenschaften des Kunststoffes. Zu nennen sind hierbei die Stereoregularität, welche die Anordnung der Seitenketten in einem Polymer beschreibt, der Vernetzungsgrad sowie Kettenlänge und Kettenlängenverteilung. Sie entscheiden beispielsweise über Härte, Sprödigkeit, Formbeständigkeit, sowie den Schmelzpunkt (Fath 2019a).

3.6.1 Thermoplaste

Thermoplaste sind linear angeordnete Kohlenstoffketten. Sie bestehen aus Tausenden aneinandergereihten Monomeren. Diese Art von Kunststoff wird formbar und schmilzt bei erhöhten Temperaturen (Fath 2019a, S. 24). Thermoplaste ist der Kunststofftyp, der am häufigsten eingesetzt wird. Aufgrund seiner schwachen physikalischen Bindungen, die eine sehr geringe bis gar keine Verzweigung aufweisen, zersetzt sich diese Kunststoffart durch äußere Einflüsse am schnellsten (Fath 2019a).

3.6.2 Duroplaste

Duroplaste machen nur einen kleinen Teil der Kunststoffe aus und unterscheiden sich sowohl hinsichtlich ihres chemischen Aufbaus als auch in Bezug auf die Verarbeitungstechnik deutlich von den Thermoplasten. Zu den wichtigen Vertretern der Duroplaste zählen z. B. ungesättigte Polyesterharze (UP), Expoxidharze (EP), Phenolharze (PF), Melamin- (MF) und Harnstoffharze (UF), Acrylharze und Siliconharze. Verwendung finden sie insbesondere als faserverstärkte Kunststoffe in Bereichen wie dem Apparate- und Sportgerätebau, dem Flugzeugbau sowie in der Raumfahrt. Weitere Einsatzgebiete stellen die Bereiche der Elektrotechnik und Elektronik dar, wo Duroplaste als Gießharze und Isolierstoffe Verwendung finden. Des Weiteren stellt der Bereich des Bauwesens für die Duroplaste einen großen Anwendungsbereich dar. Hier werden Duroplaste für Beschichtungen eingesetzt und fungieren als Mörtelgrundstoff. Die Gemeinsamkeit der Duroplaste liegt darin, dass praktisch ein großes, engmaschig vernetztes „Makromolekül" dargestellt wird mit einer Vernetzungsdichte von bis zu einer Vernetzung pro 20 Atome der

Hauptkette, wohingegen der Aufbau von Thermoplasten aus langen einzelnen Molekülketten besteht. Aus diesem Grund sind Duroplaste steif und spröde, sowie temperatur- und medienbeständig. Sie sind allerdings nicht schmelzbar. Es lösen sich bei entsprechender Wärmezufuhr zwar die physikalischen Bindungen, die chemischen Bindungen dagegen schließen ein Abgleiten der Ketten voneinander aus. Das heißt, es gibt einen Erweichungsbereich, der die Steifigkeit auf bis zu $^{1}/_{100}$ absinken lassen kann, ohne einen Schmelzvorgang des Materials zu bewirken (Ehrenstein 2011).

3.6.3 Elastomere

Elastomere stellen den dritten Kunststofftyp dar. Im Gegensatz zu den linear angeordneten Kohlenstoffketten der Thermoplasten und des stark vernetzten Makromoleküls der Duroplasten, bestehen Elastomere aus chemisch weitmaschig untereinander gebundenen Makromolekülen. Vergleicht man die Vernetzungsdichte der Duroplasten (eine Vernetzung pro 20 Atome der Hauptkette) mit der Vernetzungsdichte der Elastomere (etwa eine Vernetzung pro 1000 Atome der Hauptkette), wird die sehr viel geringere Vernetzung der Elastomere deutlich, was letztendlich die Materialeigenschaften dort hingehend beeinflusst, dass Elastomere grundsätzlich eine hohe Elastizität im Material aufweisen (Ehrenstein 2011). Beispiele für den Einsatz von Elastomeren sind Autoreifen, Gummibänder und Schwämme. Sowohl bei Zug- wie auch bei Druckbelastung können sich Elastomere verformen und anschließend wieder ihre ursprüngliche Gestalt annehmen.

Die folgende Tabelle liefert einen Überblick über die Kunststofftypen, Beispiele der dazu gehörigen Kunststoffe und deren Anwendungsbereiche.

Kunststofftypen	**Kunststoff (Beispiele)**	**Anwendungsbereiche (Verwendung)**
Thermoplaste	PE (Polyethen) PP (Polypropen)	Plastikbeutel, Eimer, Frischhaltefolie Einwegbecher, Joghurtbecher, Batteriekästen, Schuhabsätze
Duroplaste	UF (Aminoplaste)	Steckdosen, elektr. Isoliermaterial, Eierbecher, Tabletts, Lichtschalter
Elastomere	PUR (Polyurethan)	Matratzen, Fugendichtung, Wärmedämmung, Schaumstoffe

Tabelle 1: Übersichtstabelle zu den Kunststofftypen, Beispielkunststoffen und Anwendungsbereichen
(eigene Darstellung)

3.7 Additive in synthetischen Polymeren

Zusätzlich zu der großen Bandbreite verschiedener Eigenschaften von Polymeren, können durch Additive weitere Merkmale ergänzt werden. Durch eine entsprechende Ausrüstung der Werkstoffe, kann auf besondere Anforderungen eingegangen werden, die der Werkstoff am Ende haben soll (Bertling et al. 2018). Weichmacher wie z.

B. Diethylhexylphthalat (DEHP) in PVC können zur Verringerung der Sprödigkeit und Härte beitragen, wohingegen Stabilisatoren zur Verbesserung von chemischen Eigenschaften angewandt werden. Beispiele für Stabilisatoren sind: Bromierte Flammschutzmittel[2], Wärmestabilisatoren[3] oder Antioxidationsmittel[4] (Birnbaum & Staskal 2004).

Für die Modifikation von Kunststoffen werden jährlich ca. 15 Mio. Tonnen Additive und 16 Mio. Tonnen Füllstoffe eingesetzt. Werden diese Zahlen auf die gesamte globale Kunststoffproduktion von 335 Mio. Tonnen bezogen, entspricht das einem durchschnittlichen Anteil von 4,5% Additiven und 4,8% Füllstoffen (Bertling et al. 2018).

Jedoch wird immer wieder über Begleiteffekte additiver Chemikalien in Polymeren diskutiert. Bisphenol A steht in Verdacht, endokrine Wirkungen sowohl im öko- als auch im humantoxikologischen Kontext zu haben. PBDEs sind für ihre karzinogene Wirkung bekannt. Flammschutzmittel lassen sich vermehrt in Umweltproben nachweisen, was bedeutet, dass es zu einer Verflüchtigung des Additivs aus der Polymermatrix kommt und sich dieses Additiv ubiquitär in der Umwelt verteilt (Birnbaum & Staskal 2004). Die Additive werden jedoch nicht in jeder Form des Kunststoffes in gleicher Menge eingesetzt. Im Baustoffsektor z. B. werden aufgrund von gewünschten langen Nutzungsdauern und der Tatsache, dass die Kunststoffe häufig der Witterung ausgesetzt sind, größere Additivmengen eingesetzt als im Verpackungsbereich. Aus diesem Grund ist es durchaus möglich,

2 Organische polybromierte Diphenylether (PBDE)

3 organische Zink-, Barium- und Zinnverbindungen

4 Dialkyldithiocarbamate oder Bisphenol A

dass große Mengen Mikroplastik der Umwelt zugeführt werden. Der mengenmäßig größte Teil von Additiven wird zur Modifikation von PVC (73%) eingesetzt, gefolgt von Polyolefine (10%) und Polystyrol (5%). PVC benötigt vor allem Weichmacher und Hitzestabilisatoren. Polyolefine sind besonders oxidationsempfindlich und erfordern den Einsatz von Antioxidantien, sowie UV-Stabilisatoren. Polystyrol dagegen wird häufig mit Flammschutzmitteln aufgerüstet (Bertling et al. 2018). So gibt es für nahezu jedes Polymer bestimmte Additive, die dessen Merkmale hinsichtlich der späteren Nutzung verändern bzw. anpassen können.

4 Mikroplastik

Der Begriff Mikroplastik wurde erstmals im Jahr 2004 von dem Ozeanographen Richard Thompson eingeführt und wird hauptsächlich im Kontext der Belastung von Umwelt und Lebensmitteln verwendet. Kunststoffpartikel werden je nach Größe in Makro-, Meso- und Mikroplastik gegliedert, wobei es keine einheitlich klaren Abgrenzungen zwischen den Klassen gibt, sie daher ineinander übergehen. Diese Bachelorarbeit wird sich hauptsächlich mit der Thematik „Mikroplastik“ befassen. Doch was bedeutet „Mikroplastik“? Die Vorsilbe „Mikro“ kommt aus dem Griechischen „mikros“, und bedeutet so viel wie „klein“. Heute wird mit „Mikro“ der einmillionste Teil z. B. eines Meters bezeichnet. Mikroplastik besteht also aus sehr kleinen Kunststoffpartikeln oder Fasern, die in der Größenordnung von µm liegen (Fath 2019b). Größe, Form, Oberfläche und auch chemische Zusammensetzung von Mikroplastik können sehr unterschiedlich sein. Eine allgemein anerkannte Definition fehlt bislang noch, sodass unterschiedliche Größenklassifizierungen für Mikroplastikpartikel Verwendung finden. Meeresforscher definieren Mikroplastik z. B. als Summe aller Kunststoffpartikel kleiner als 1 mm Durchmesser (UBA 2015a). In den Meeresstrategie-Rahmenrichtlinien (MSRL) dagegen, werden als Mikropartikel alle Teilchen unter einem Durchmesser von 5 mm verstanden. Die Europäische Arbeitsgruppe zu marinem Müll hat folgende Größenklassifizierungen für Kunststoffpartikel vorgeschlagen (UBA 2015a):

- > 25 mm → Makroplastik
- 5 - 25 mm → Mesoplastik
- 1 - 5 mm → Große Mikroplastikpartikel
- < 1 mm → Kleine Mikroplastikpartikel

Die Forschung geht davon aus, dass aus dem Großteil des vorhandenen Makroplastiks der Umwelt im Laufe der Zeit Mikroplastik entsteht. Vor allem die modifizierten Polyolefine stehen in diesem Zusammenhang in der Kritik, denn sie zerfallen besonders schnell zu Mikroplastik (Bertling, 2018).

Folgende Definition wird für Mikroplastik vorgeschlagen:

> „Als MP werden anthropogene, synthetisch hergestellte Polymerstoffe bezeichnet, die in die Umwelt gelangt sind, bzw. das Potenzial haben, in die Umwelt zu gelangen. MP-Partikel liegen in einem Größenbereich von 0,1 – 100 µm und können in allen Formen und Farben sowie mit verschiedenster Oberflächenbeschaffenheit und Porosität vorliegen. Es wird weiterhin zwischen primärem und sekundärem MP differenziert: Primäres MP wird direkt als solches produziert. Sekundäres MP entsteht durch physikalische, chemische und/oder biologische Degradation und Fragmentierung" (Ivar do Sul & Costa 2013; Hidalgo-Ruz et al. 2012 zitiert in: UBA 2015, S. 15).

4.1 Primäres Mikroplastik

Wie bereits in der Definition erwähnt, wird primäres Mikroplastik für spezifische Anforderungen bereits in kleiner Größe industriell produziert und in verschiedensten Produkten und Verfahren unterschiedlicher Bereiche genutzt (UBA 2015a). Zu nennen sind hier vor allem die Bereiche der Kosmetikbranche sowie die Wasch- und Reinigungsmittelbranche. Darüber hinaus findet Mikroplastik auch noch in weiteren Bereichen Anwendung (vgl. Kapitel 5.1 Kosmetika und Reinigungsmittel).

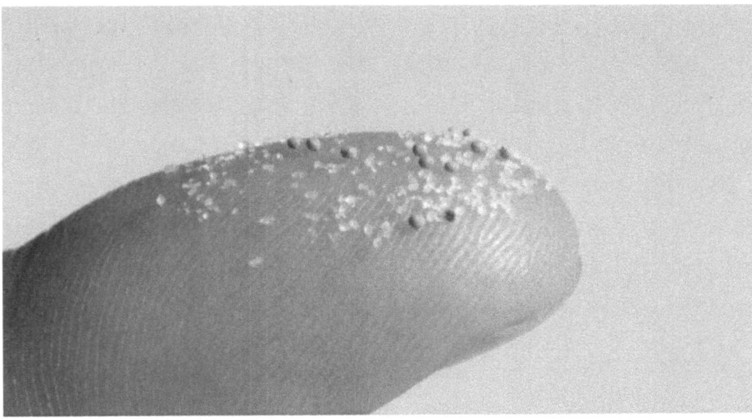

Abbildung 4: Beispiel für primäres Mikroplastik Typ A aus Kosmetikprodukten
(BUND)

Primäres Mikroplastik wird aufgeteilt in primäres Mikroplastik Typ A und primäres Mikroplastik Typ B. Der bereits beschrieben Fall, wenn Mikroplastik bei der Herstellung eines Produktes erzeugt wird, wird dem Mikroplastik Typ A zugeschrieben. Die Freisetzung von primärem Mikroplastik Typ A kann entweder intendiert, bewusst in Kauf genommen oder durch einen Unfall verursacht sein. Mikroplastik Typ B dagegen entsteht erst in der Nutzungsphase. Beispiele dafür sind der Abrieb von Reifen, freigesetzte synthetische Fasern beim Waschen sowie die Verwitterung von Farben. Die Entstehung ist oftmals nur schwer zu vermeiden, die Reduktion der Freisetzung von primärem Mikroplastik Typ B eine Innovationsaufgabe (Bertling et al. 2018).

4.2 Sekundäres Mikroplastik

Sekundäres Mikroplastik entsteht durch physikalische, biologische und chemische Degradation aus Makro- oder Mesoplastik (UBA 2015a). Die Abbildung 5 zeigt ein Stück Makroplastik, dass im Mittellandkanal in Hannover gefunden wurde. Im Laufe der Zeit wird sich dieses noch relativ große Stück Plastik zu sekundärem Mikroplastik zersetzen. Kunststoffe sind in der Natur gewissen Umwelteinflüssen ausgesetzt, die mehrere, teils parallele, teils sequenzielle biotische und abiotische Abbauprozesse einleiten (Andrady 2011).

Dazu gehören:

- Biologischer Abbau (Wirkung von lebenden Organismen, in der Regel Mikroben)
- Photooxidativer Abbau (Lichtwirkung)
- Thermooxidativer Abbau (langsamer oxidativer Abbau bei gemäßigten Temperaturen)
- Thermischer Abbau (Einwirkung von hohen Temperaturen) (→ Kein Mechanismus zur Umweltzerstörung)
- Hydrolytischer Abbau (Reaktion mit Wasser) (Andrady 2011)

Abbildung 5: Ein Stück Makroplastik auf dem Weg zu sekundärem Mikroplastik
(Eigene Aufnahme)

Das UBA 2015 fügt zusätzlich zu den bereits genannten Umwelteinflüssen die „mechanische Desintegration" hinzu, welche einen weiteren möglichen Abbauprozess darstellt. Es gibt also zahlreiche verschiedene Möglichkeiten wie sekundäres Mikroplastik entstehen kann. Rückführend ist es jedoch nicht möglich festzustellen, welchen Abbauprozess ein Mikroplastikpartikel durchlaufen hat. Stattdessen wirkt das Zusammenspiel aller ablaufenden Prozesse auf die Zersetzung der Plastikpartikel ein, wobei auch der Transport in der Umwelt eine wichtige Rolle spielt. Je nach geographischer Lage und den damit verbundenen, sich ändernden klimatischen Einflüssen, kommt es zu

Unterschieden bezüglich der jeweiligen Abbauzeiten (Shah et al. 2008).

Wärmere Meere weisen einen deutlich schnelleren Abbauprozess auf als kältere. Auch die kalte, dunkle und haline Umgebung der Tiefsee wirkt sich negativ auf den chemischen und biologischen Abbauprozess aus, sodass dieser sich entschleunigt (Barnes et al. 2009). Die Unterschiede der verschiedenen Kunststoffemissionen zwischen primärem Mikroplastik Typ A, primärem Mikroplastik Typ B und Makroplastik, welches im Laufe der Zeit zu sekundärem Mikroplastik wird, sind in Abbildung 6 in Bezug zur Produktion, Nutzung und Umwelt dargestellt (Bertling et al. 2018).

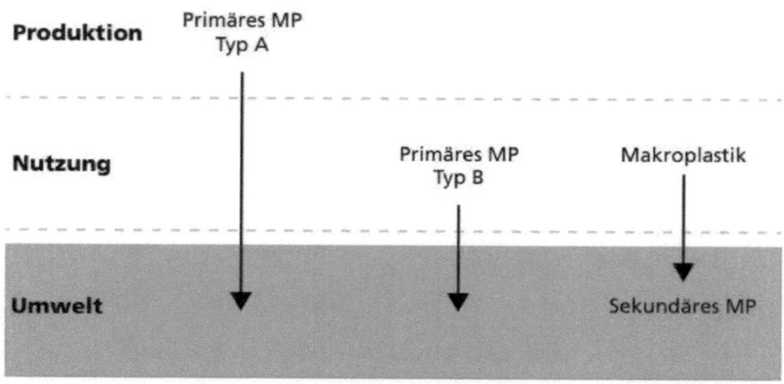

Abbildung 6: Einteilung der Kunststoffemissionen in primäres Mikroplastik Typ A und Typ B sowie Makroplasti
(Bertling et al. 2018, S. 9)

5 Quellen von Mikroplastik

Mikroplastik kann über eine Vielzahl von unterschiedlichen Quellen in die Umwelt gelangen, diese beeinflussen und nachhaltig verändern. In diesem Kapitel werden einige problematische Quellen von Mikroplastik genannt und beschrieben.

5.1 Kosmetika und Reinigungsmittel

Kosmetische Mittel sind eine Quelle für primäres Mikroplastik Typ A. Vor allem in Körper- und Gesichtspeelings, Peelingduschgels und Handreinigungspasten finden Mikroplastik-Partikel Verwendung, indem sie als Abrasivstoff mit einer Korngröße von meist < 0,5 mm fungieren. Vorteile gegenüber anderen Stoffen wie Sand oder Nussschalenpartikeln bestehen darin, dass Mikroplastik-Partikel weniger scharfkantig und hart sind und dadurch weniger Hautirritationen verursachen (UBA 2015a). Liebmann 2015 ist in Bezug auf die Partikelform anderer Meinung. Sie macht deutlich, dass vor allem die scharfkantigen Mikroplastikpartikel in Kosmetika eingesetzt werden um die gewünschte abrasive Wirkung zu erreichen und die Partikel keineswegs immer kugelförmig sind. Dem fügt sie hinzu, dass die Idealgröße der Partikel für die effizienteste Peelingwirkung im Bereich von 420 µm liegt. Kostengünstigere und einfachere Produktion sowie längere Produkthaltbarkeit sind für die Industrie aber zwingende Faktoren, die für die Verwendung von Mikroplastik sprechen. Des Weiteren finden Mikroplastik-Partikel mit einer Korngröße zwischen 6 und 12 µm in der dekorativen Kosmetik Anwendung, bei der sie vor allem als Bindemittel und Füllstoff in Pulverform, z. B. in Lippenstiften enthalten sind (UBA 2015a). Mikroplastik in Kosmetika kann außerdem die Fließfähigkeit und Stabilität von Produkten beeinflussen oder zu einer seidigen Textur beitragen (Liebmann 2015). Der Mikroplastikanteil in den kosmetischen Produkten kann sehr unterschiedlich sein. Einige Produkte beinhalten nur Kleinstmengen an Kunststoff, während andere Produkte einen Anteil von über 90% aufweisen. Auch die Größen und Formen der Kunststoffbestandteile und damit auch ihre spezifischen Eigenschaften und Funktionen variieren stark (Essel et al. 2014). Am Ende gelangen die Mikroplastikzusätze von Körperpflegeprodukten größtenteils direkt nach der Anwendung (Duschgel, Zahnpasta) in den Abfluss und anschließend in die Kanalisation, von wo aus sie über Umwege der Umwelt zugeführt werden (vgl. Kapitel 6: Der Mikroplastikkreislauf). Immer mehr Unternehmen der Kosmetikindustrie bekennen sich aufgrund von öffentlichem Druck zu freiwilligem Verzicht auf Mikroplastik in ihren Produkten. Auch auf internationaler Ebene gibt es Reaktionen. Hier steht sogar ein offizielles Verbot von Mikroplastik in Kosmetikprodukten in der Diskussion (Liebmann 2015). Die Smartphone App „Code Check" bietet Verbrauchern die Möglichkeit bewusster einzukaufen. Nach dem Scannen des Barcodes der kosmetischen Produkte, liefert sie Auskunft über Inhaltsstoffe (unter anderem auch Mikroplastik) und inwieweit diese Inhaltsstoffe aus ökologischer sowie gesundheitlicher Sicht bedenklich sind.

Wasch- und Reinigungsmittel bilden einen weiteren Anwendungsbereich in dem Kunststoffe verarbeitet werden. In Reinigungsmitteln z. B. werden Kunststoffe wie Polyethylen (PE), Polypropylen (PP) und Polyurethan (PU) verwendet. In Fußboden- oder Möbelpflegemitteln werden sie als Wachsdispersionen eingesetzt. Laut Auskunft des Industrieverbands Hygiene und Oberflächenschutz, werden bundesweit jährlich ca. 10 Tonnen PE in gewerblichen Fußbodenpflegemittel verarbeitet. Die Partikelgröße dieser Polyethylenwachse reichen von einer Partikelgröße von < 1 bis ca. 10 µm (UBA 2015a).

Neben den Bereichen der Kosmetik, sowie der Reinigungsmittel, werden PE- und PP-Wachse mit einer Partikelgröße im µm-Bereich in vielen weiteren Anwendungsbereichen genutzt. Zu nennen sind hier Additive in Lack und Farben, Additive für Thermoplaste und Heißkleber, als Formtrennmittel im Metall-Druckguss, als Bestandteil in Foto- und Druckfarben, als Beschichtungsmittel für Textilien, Papier oder Citrusfrüchte sowie in vielen weiteren Bereichen. Polyurethandispersionen werden in Industrie- und Automobillackierungen, Kunststoff-, Textil- und Lederbeschichtungen, Oberflächenleimungsmitteln für Papier, Glasfaserschlichten, sowie in Klebstoffen im Bereich der Schuh-, Automobil- und Möbelfertigung eingesetzt (UBA 2015a).

5.2 Kunststoffindustrie

Für die industrielle Weiterverarbeitung wird Kunststoff typischerweise als Granulat (Pellets) oder als Pulver mit relativ einheitlichen Abmessungen hergestellt. Diese Form ermöglicht einen guten Transport und erleichtert das Befüllen von Spritzgussanlagen oder Extrudern[5]. Kunststoffgranulate können auch aus dem Recycling von gebrauchten Kunststoffprodukten stammen. Hierbei werden die gebrauchten Kunststoffe zunächst nach Arten sortiert, bevor sie

5 Maschine zur Herstellung von Formstücken aus thermoplastischem Material

zerkleinert, gereinigt, aufgeschmolzen und anschließend granuliert werden (Liebmann 2015).

5.3 Littering

Der Begriff „Littering" kommt aus dem Englischen und beschreibt das achtlose, illegale Wegwerfen von Abfällen außerhalb geregelter Entsorgungswege. Eine gut ausgebaute Sammel- und Entsorgungsinfrastruktur stellt neben dem achtsamen Umgang mit Kunststoffabfällen die Grundvoraussetzung dar, um Einträge von Kunststoffen in die Umwelt zu vermeiden (UBA 2019). Im internationalen Vergleich ist Littering in Deutschland aufgrund des gut funktionierenden Abfallsammelsystems ein vergleichsweise kleines Problem. In anderen Ländern, in denen das Abfallsammelsystem nicht so gut funktioniert bzw. die Länder, die kein vergleichbares Abfallsammelsystem haben, stellt Littering durchaus ein sehr großes Problem dar. Dort trägt oftmals ein fehlendes Bewusstsein der Menschen zur Verunreinigung der Umwelt mit Kunststoffen bei. Dennoch ist Deutschland nicht frei von Littering. Auch hier werden Kunststoffverpackungen, Tragetaschen und Einweggeschirr achtlos in die Umwelt geworfen und dem Einfluss von Witterung, UV-Strahlung und mechanischer Beanspruchung ausgesetzt. Größere Kunststoffteile fragmentieren in kleinere Partikel, bis hin zu sekundärem Mikroplastik. Die Abbildung 7 zeigt den Fragmentierungsprozess anhand einer Kunststoffflasche (Liebmann 2015).

Abbildung 7: Entstehung von sekundärem Mikroplastik durch Verwitterung einer Kunststoffflasche
(Liebmann 2015, S. 16)

5.4 Sport- und Spielplätze

Sport- und Spielplätze, insbesondere Kunstrasenplätze, gelten als eine Quelle von Mikroplastik. Deutschlandweit gibt es ca. 5 000 Kunstrasenplätze. Die meisten von ihnen enthalten Kunststoffgranulat, welches für eine dämpfende Wirkung beim Sport sorgen soll. Dieses Granulat wird dem Mikroplastik zugeschrieben und ist in der Kritik, da es über verschiedene Wege (Verlagerung durch Wind, Anhaften an Schuhen und Körper, Eintritt in das Abwasser) in die Umwelt gelangt und dort Schaden anrichtet. Laut Bertling et al. 2018 sind Kunstrasenplätze die fünftgrößte Mikroplastik-Quelle in Deutschland. Eine von der EU geplante Richtlinie sieht vor, dass das Kunststoffgranulat ab 2022 verboten sein soll (ZDF 2019).

5.5 Straßenverkehr

Der Straßenverkehr stellt durch Reifenabrieb eine Quelle von Kunststoffemissionen dar. Für KFZ-Reifen wird zwar umgangssprachlich der Begriff Gummi verwendet, doch auch Reifen bestehen aus Kunststoffen, die der Kategorie der Elastomere zugeordnet werden. Hauptsächlich zwei verschiedene Elastomere (Styrol-Butadien-Kautschuk (SBR) und Butadien-Kautschuk (BR)) werden für die Produktion von Reifen verwendet (Liebmann 2015). Reifenabrieb entsteht erst in der Nutzungsphase, also beim Autofahren und kann nicht gänzlich verhindert werden. Damit wird diese Form der Kunststoffemission dem primären Mikroplastik Typ B zugeordnet (Bertling et al. 2018). Der Reifenabrieb gelangt anschließend in den Boden. In Bodenproben von Straßenrändern konnten in drei Flusseinzugsgebieten (Seine/Frankreich, Chesapeake Bay/USA und Yodo/Japan) Kunststoffemissionen gefunden werden, die auf Reifenabrieb zurückzuführen sind (Liebmann 2015).

Die Quellen von Mikroplastik unterscheiden sich hinsichtlich der freigesetzten Mengen stark. Die Top Ten, die der Umwelt am meisten Mikroplastik zuführen (absteigend), sind laut Bertling et al. 2018 folgende:

1. Abrieb von Reifen
2. Emissionen bei der Abfallentsorgung
3. Abrieb von Polymeren und Bitumen in Asphalt
4. Pellet Verluste
5. Verwehungen von Sport- und Spielplätzen
6. Freisetzung auf Baustellen
7. Abrieb von Schuhsohlen

8. Kunststoffverpackungen
9. Fahrbahnmarkierungen
10. Faserabrieb bei der Textilwäsche

Auffällig an dieser Auflistung ist, dass die häufig in den Medien sehr präsenten Quellen aus Kosmetik und Textilwäsche bei weitem nicht die größten sind.

6 Der Mikroplastikkreislauf

Kunststoffe können aus vielen verschiedenen Quellen und über viele Eintragspfade in die Umwelt gelangen (vgl. Kapitel 5). „Es ist davon auszugehen, dass Mikroplastik in allen Umweltkompartimenten vorhanden ist“ (Bertling et al. 2018, S. 29). Dieses Mikroplastik wird von Umweltkompartiment zu Umweltkompartiment verfrachtet. Ein Kreislauf entsteht (vgl. Abb. 8). Vor allem in marinen Umweltkompartimenten ist Mikroplastik überall nachgewiesen. Je nach Umweltkompartiment variieren die Mikroplastikkonzentrationen stark. Im Freiwasser wurden beispielsweise niedrigere Konzentrationen vorgefunden als am Strand, in Tiefseesedimenten oder im arktischen Eis. Grund für die stark variierenden Konzentrationen sind Faktoren wie Größe, Form und Dichte der Partikel sowie Umweltfaktoren wie Strömungen und Aufwuchs durch Biofilm.

Auch Süßgewässer, insbesondere Flüsse, die als Eintragspfad von Mikroplastik ins Meer gelten, können stark mit Mikroplastik belastet sein. Im Rhein wurden Konzentrationen zwischen 3 und 23 Mikroplastikpartikeln/m^3 gemessen, wobei die Konzentrationen an Industriestandorten, wie dem Ruhrgebiet, besonders hoch sind. Auch im Thomasee, der Quelle des Rheins, konnte Mikroplastik nachgewiesen werden. Es gibt mehrere Möglichkeiten, wie das Mikroplastik in den See gelangt sein kann. Touristische Aktivitäten stellen eine Möglichkeit dar. Wahrscheinlicher jedoch ist der Eintrag über die Luft, denn Mikroplastik kann in Form von Schwebe- bzw. Feinstaub weite Entfernungen äolisch zurücklegen. Des Weiteren bietet die Abscheidung über Regenwasser einen möglichen Eintragspfad von Mikroplastik in Gewässer (Bertling et al. 2018 & Liebmann 2015). Der Mikroplastikkreislauf mit den wichtigsten Eintragspfaden von Mikroplastik in die Umwelt, die ablaufenden Prozesse in Gewässer und Sediment sowie die Rückführung von Mikroplastik zu Menschen über die Nahrung (z. B. Fisch), ist in Abbildung 8 dargestellt.

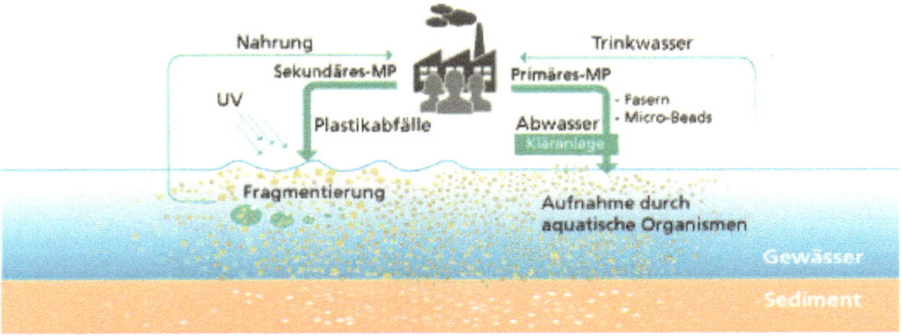

Abbildung 8: Der Mikroplastikkreislauf
(Bertling et al. 2015, S. 3)

Doch nicht nur in Gewässern lagert sich Mikroplastik an. Trotz mangelhafter Datenlage zu Mikroplastikkonzentrationen im Boden (aufgrund von methodischen Schwierigkeiten) wird vermutet, dass sich dort besonders viel Mikroplastik akkumuliert. Grund dafür ist die hohe Anzahl verschiedener Mikroplastikemissionen, die direkt in den Boden freigesetzt wird. Zu nennen sind hier Abrieb von Reifen und Fahrbahnmarkierungen, Verwitterung von Farben, Lacken, landwirtschaftlich eingesetzten Kunststoffen und Makroplastik (Bertling et al. 2018)

Zudem stellt die Ausbringung von Klärschlamm eine weitere Quelle von Mikroplastikemissionen dar, denn auch in klärschlammgedüngten Böden wurden Mikroplastikpartikel nachgewiesen (Liebmann 2015). Böden wird eine reinigende Funktion für die mit Mikroplastik belasteten Gewässer zugeschrieben. Das bestätigen Messwerte von Flusssedimenten, Ufern und Stränden (Bertling et al. 2018). So wirkt der Boden als eine Art natürliche Barriere für Mikroplastik. Doch nicht jeder Boden verfügt über dieselben Eigenschaften. Neben den bereits genannten Eigenschaften der Plastikpartikel (Größe, Form, Dichte) sowie den vorherrschenden Umweltfaktoren weist auch jede Bodenart unterschiedliche Eigenschaften auf, die das Risiko der Weiterverlagerung von Mikroplastikpartikeln ins Grundwasser entweder vergrößern oder minimieren können. Die wichtigen Eigenschaften in Bezug auf die Verhinderung der Verlagerung von Mikroplastik ins Grundwasser belaufen sich hauptsächlich auf die Filterwirkung von Böden und Sedimenten, die sich aus der Korngrößenverteilung, dem organischen Anteil, der Wassersättigung und der Fließgeschwindigkeit zusammensetzt. So bietet ein Boden, der präferenzielle Fließwege wie Klüfte, Karsthohlräume und Makroporen aufweist, eine tendenziell höhere Gefahr des Transports von Mikroplastikpartikeln von der Oberfläche in den Untergrund (Liebmann 2015).

Der Eintrag von Mikroplastik in die Siedlungswasserwirtschaft, der vor allem durch primäres Mikroplastik vom Typ A z. B. aus Kosmetik- bzw. Wasch- und Reinigungsmittelprodukten (vgl. Kapitel: 5.1 Kosmetika und Reinigungsmittel) hervorgerufen wird, kann in Deutschland über verschiedene Wege erfolgen. Dabei werden zwei Ableitungssysteme, das Misch- und das Trennsystem unterschieden. Während im Mischsystem beide Abwasserarten (Schmutzwasser, Niederschlagswasser) gemeinsam zur Kläranlage gelangen, wird im Trennsystem, welches in Norddeutschland überwiegt, nur das Schmutzwasser der Kläranlage zugeführt und das Niederschlagswasser direkt den Gewässern zugeleitet. Das Niederschlagswasser im Trennsystem bleibt also ungeklärt. Experten aus der Siedlungswasserwirtschaft schätzen den Anteil des Abwassers, der nicht die Kläranlagen durchfließt auf 21,5%. Dennoch bedeutet dies nicht, dass dieses Wasser völlig ungereinigt den Gewässern zugeführt wird. Beide Systeme verfügen zusätzlich über zahlreiche Senken für Mikro- und Makroplastik, wie z. B. Sinkkästen (Gullis) an Verkehrsflächen, Versickerungsanlagen, Regenrückhalte- und Regenüberlaufbecken, Retentionsbodenfilter oder Regenklärwerke (Bertling et al. 2018). Die Abbildung 8 liefert einen schematischen Überblick über das kommunale Abwassersystem.

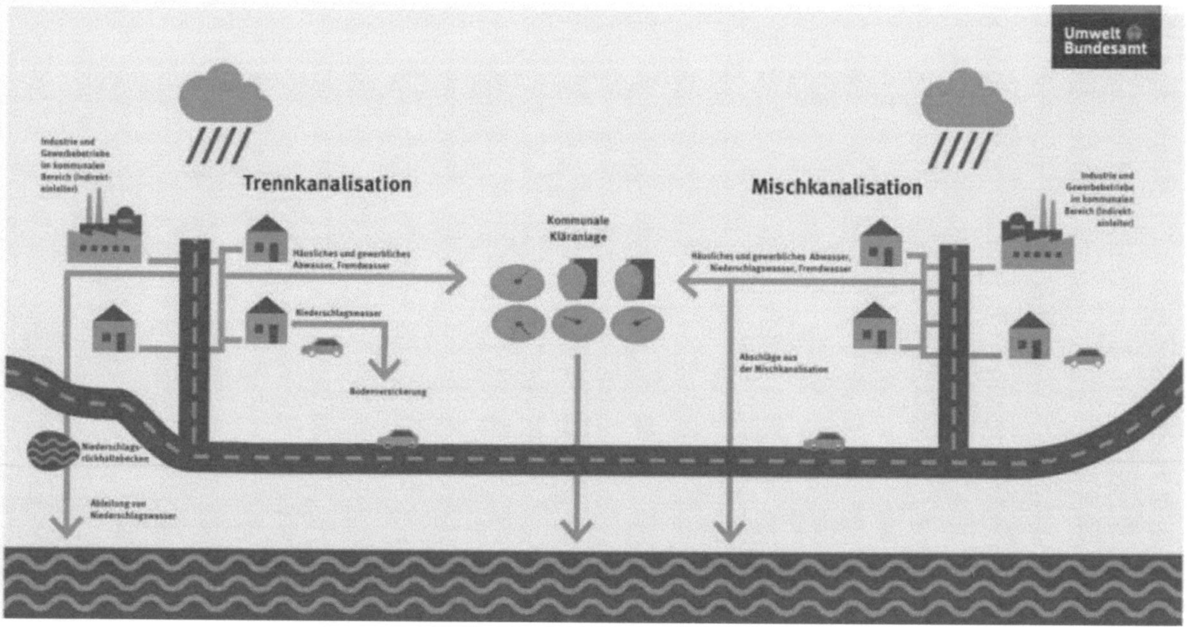

Abbildung 9: Das kommunale Abwassersystem
(UBA 2019)

Auch die Zweckentfremdung der Toilette als Abfalleimer sowie die Niederschlagsentwässerung führt dazu, dass vor allem innerorts Makroplastikteile in das System der Abwasserbehandlung gelangen. Die Kunststoffemissionen, die einer Kläranlage zugeführt werden, verteilen sich auf vier Ströme. Rechengut, Sandfanggut, Klärschlamm und gereinigter Kläranlagenablauf. Die aus dem Abwasserstrom des Rechenguts entfernte Makroplastikmenge lässt sich auf ca. 3000 Tonnen pro Jahr abschätzen. Im darauffolgenden Sandfanggut werden vor allem die schweren Kunststoffpartikel (z. B. Elastomere aus Reifenabrieb, Duroplaste aus Farben) herausgefiltert. Der mengenmäßige Anteil ist nicht bekannt. Die leichten Kunststoffpartikel (Dichte < 1,0 kg/l) schwimmen im Fettfang auf und werden letztendlich dem Klärschlamm zugeführt. Insgesamt lässt sich festhalten, dass die Abscheideeffizienz für Mikroplastik in Bezug auf den gereinigten Kläranlagenablauf sehr hoch ist. Die Partikelanzahl verringerte sich um 80 – 99,9%. Durchmesser und Form der Partikel spielen in Bezug auf die Abscheideeffizienz eine wichtige Rolle, denn sehr kleine Partikel sowie Mikrofasern werden deutlich schlechter abgeschieden als größere. Die hohen Abscheideraten der Kläranlagen sind Grund dafür, dass ein Großteil des Mikroplastiks in den Klärschlamm gelangt (Bertling et al. 2018). Was genau mit dem Klärschlamm geschieht, wird in Abbildung 10 dargestellt.

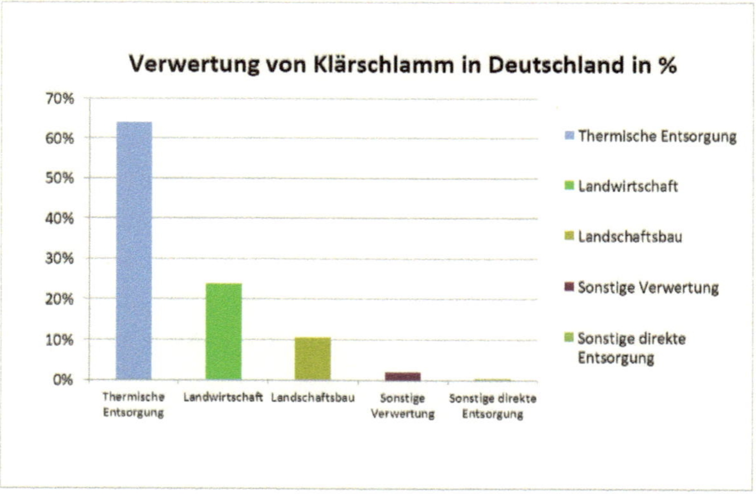

Abbildung 10: Verwertung von Klärschlamm in Deutschland im Jahr 2015 (eigene Darstellung nach Bertling et al. 2018 S. 24)

Ca. ein Viertel des Klärschlamms in Deutschland findet als Düngemittel in der Landwirtschaft Verwendung. Mit ca. 10% der anfallenden Klärschlammmenge wird Klärschlamm im Landschaftsbau genutzt, während ca. zwei Drittel thermisch entsorgt werden. Damit werden ca. 35% des Mikroplastiks über den Klärschlamm zurück in die Umwelt geführt (Bertling et al. 2018).

7 Die Problematik von Single-use-plastic

Mit „Single-use-plastic“ sind Kunststoffprodukte gemeint, die nur einmal benutzt und anschließend weggeschmissen werden. Durch den Gebrauch von Single-use-plastic wie z. B. To-Go-Verpackungen[6] und Einweggeschirr fallen riesige Mengen Plastikmüll an, die zur Verschmutzung der Umwelt, sowohl an Land wie auch in den Meeren führt. Die Konsumgewohnheiten der Menschen haben sich stark verändert. Heute werden aus Kostengründen selbst dort Einwegprodukte genutzt, wo früher Mehrweg Standard war (Nabu 2016). Die Abbildung 11 liefert einen Überblick über die Verteilung der Einweg-Kunststoffprodukte die 2017 in Deutschland im Müll landeten.

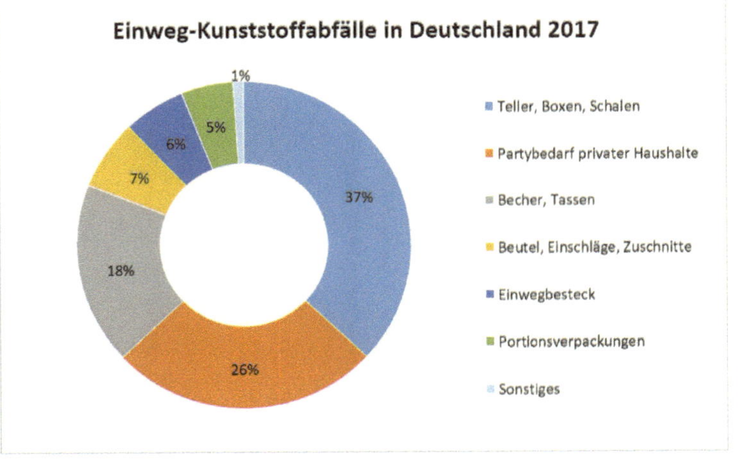

Abbildung 11: Einweg-Kunststoffabfälle in Deutschland 2017 (eigene Darstellung, NABU 2016, S. 2)

6 Die Bezeichnung To-Go-Verpackungen meint hier nur Einwegverpackungen und keine To-Go-Mehrwegalternativen.

Die stetige Zunahme von Einwegprodukten war ein Grund warum die gesamte weltweite Plastikmüllproduktion sich so stark entwickelte. Die Abbildung 12 bezieht sich auf die Entwicklung zwischen den Jahren 1950 und 2015. Während das Plastikzeitalter in den 1960er Jahren langsam begann, vervielfachten sich in den darauf folgenden Jahren die Plastikabfälle so stark, dass im Jahr 2015 ganze 300 Millionen Tonnen Plastikmüll generiert wurden. Auch die Polymere, die zur Produktion von Single-use-plastic-Produkten genutzt wurden (in der Legende blau hinterlegt), konnten in dieser Zeitperiode ein enormes Wachstum verzeichnen.

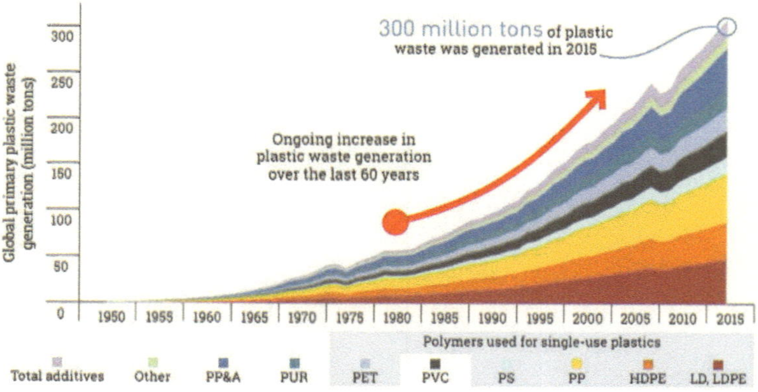

Abbildung 12: Entwicklung der Plastikmüllproduktion von 1950 – 2015 (UNEP 2018, S. 5)

Von den ca. 400 Millionen Tonnen Kunststoff, die weltweit jährlich produziert werden, entfallen 36% (144 Millionen Tonnen) auf Kunststoffverpackungen. Die Verpackungsindustrie, die hauptsächlich Single-use-plastic produziert, stellt mit Abstand den größten Abnehmer von Kunststoffen dar, gefolgt vom Bauwesen mit 16% und der Textilindustrie mit 14% (vgl. Abb. 13).

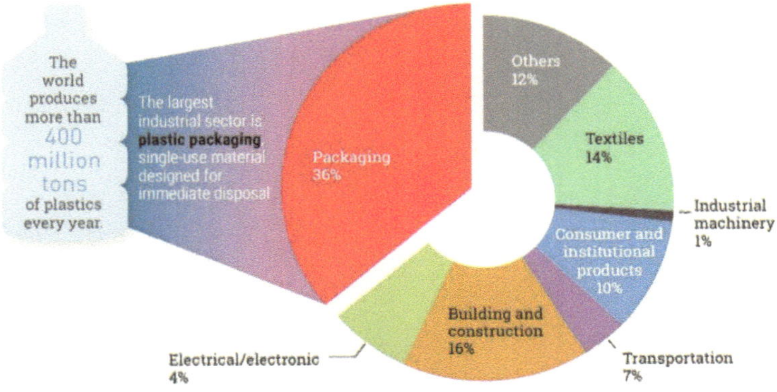

Abbildung 13: Plastikproduktion weltweit
(UNEP 2018, S. 4)

Auch die Einsatzbereiche der Kunststoffe in Deutschland weisen ein ähnliches Bild auf. Hier werden 35% für Verpackungen genutzt, 24% im Baubereich, 9% in der Fahrzeugindustrie, 6% im Elektronikbereich und 26% für Sonstiges. Der größte Unterschied im weltweiten Vergleich liegt darin, dass in Deutschland nahezu keine Textilien produziert werden und demnach der Sektor der Textilindustrie nicht zu den großen Einsatzbereichen für die Kunststoffverwertung zählt. Die Haupteinsatzbereiche für Kunststoffe sind in Abbildung 14 dargestellt.

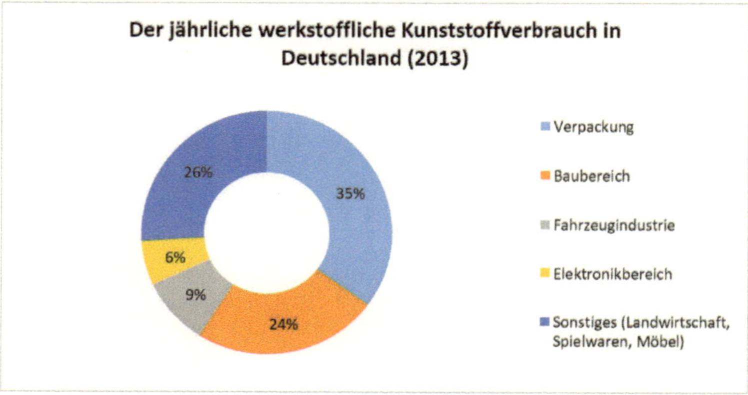

Abbildung 14: Der jährliche werkstoffliche Kunststoffverbrauch in Deutschland (2013)
(eigene Darstellung nach UBA 2015a, S. 12)

Die weltweite Kunststoffproduktion nimmt stetig zu. Die Abbildung 15 zeigt, wo auf der Welt Kunststoffe produziert werden und bietet einen Vergleich der weltweiten Single-use-plastic-Produktion in den jeweiligen Erdregionen. Auffällig ist, dass mehr als ein Viertel (26%) der Harze weltweit, die zur Herstellung von Einwegkunststoffen verwendet werden, in Nordostasien produziert werden, gefolgt von Nordamerika (21%), dem Nahen Osten (17%) und Europa (16%) (UNEP 2018).

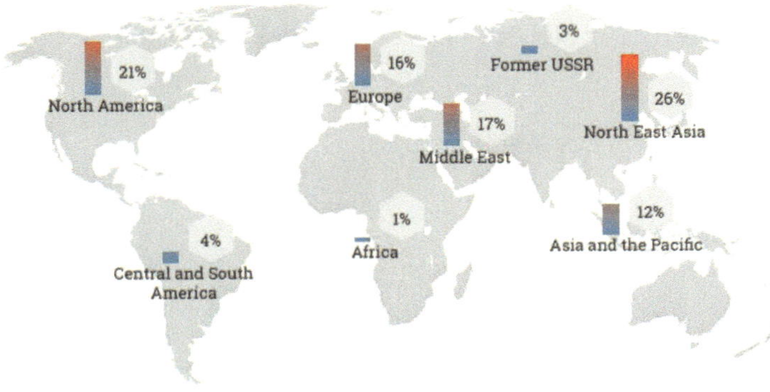

Abbildung 15: Verbreitung der Single-use-plastic-Produktion (2014) (UNEP 2018, S .4)

Im Jahr 2015 waren 47% der globalen Kunststoffabfälle auf Kunststoffverpackungen zurückzuführen, wobei die Hälfte davon aus Asien kam. Während China insgesamt gesehen den weltweit größten Kunststoffmüllproduzenten darstellt, sind die USA, bedingt durch die deutlich geringere Einwohnerzahl, führend in Bezug auf die Herstellung von Kunststoffverpackungsmüll pro Kopf, gefolgt von Japan und der EU (vgl. Abb. 16) (UNEP 2018).

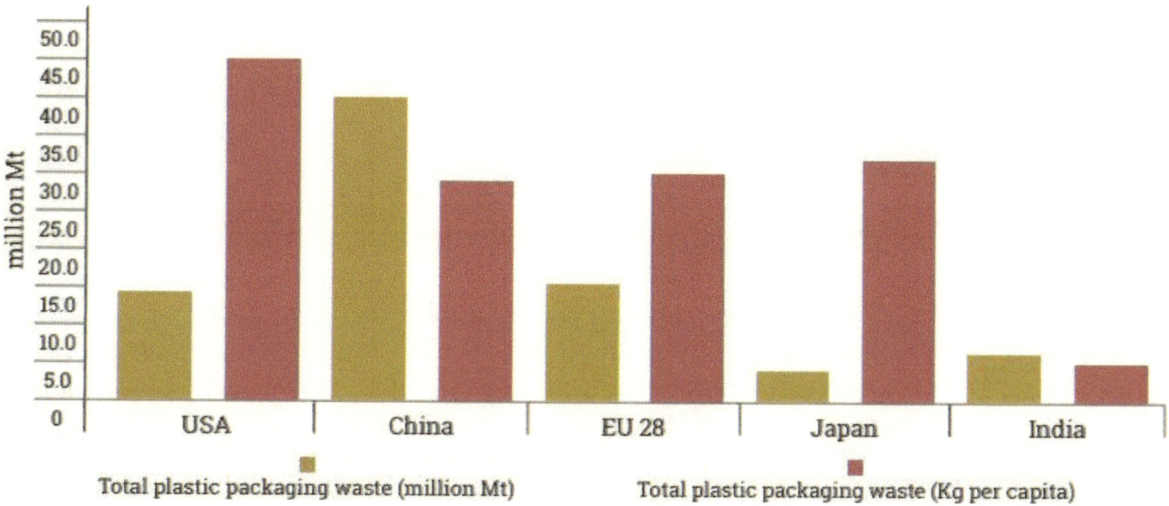

Abbildung 16: Kunststoffverpackungsabfälle im Mengenvergleich (2014)
(UNEP 2018, S. 5)

8 Wo verbleibt der Plastikmüll?

Ein Großteil des Kunststoffs, den die Menschen produzieren, landet irgendwann im Plastikmüll. Es wird ein Sack nach dem anderen mit Plastikmüll befüllt und anschließend zur Abholung auf die Straße gestellt. Von diesem Zeitpunkt an machen sich viele Menschen keine Gedanken über den weiteren Verbleib des Plastikmülls. Aber gerade diese Gedanken wären interessant und sollte bzw. müsste sich jeder Bürger machen. Über den Verbleib der weltweit produzierten Kunststoffprodukte nach deren Nutzung gibt es wenig valide Daten.

Satellitenbilder zeigen fünf Müllstrudel aus sekundärem Plastik, die sich an bestimmten Punkten in den Ozeanen anlagern (vgl. Abb. 17). Die roten Bereiche zeigen die Maximalkonzentrationen. Auffällig sind die beiden roten Müllstrudel im Pazifik. Diese befinden sich einmal vor der Westküste der USA sowie vor der Westküste Südamerikas auf Höhe von Chile. 70 – 80% des Plastikmülls der Strudel werden Schätzungen zufolge über Flüsse den Ozeanen zugeführt (Stöven et al. 2015).

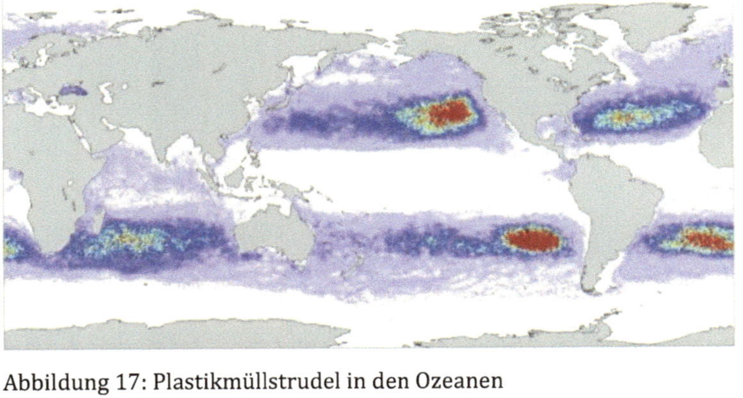

Abbildung 17: Plastikmüllstrudel in den Ozeanen
(Stöven et al. 2015, S. 244)

Ein weiterer Großteil des Plastikmülls im Meer entstammt der illegalen Müllverklappung von Fischerei und Schifffahrt. Außerdem tragen Verluste von Fanggeschirr und Netzen der Berufsfischerei und verlorene Deckladungen erheblich zum Plastikmüllaufkommen bei. Daraufhin wurde das marine Ökosystem genauer untersucht. Es entstand der Fachbegriff „marine litter" (übersetzt Meeresgeröll) für Plastikmüll im Meer. Als jedoch auch in Süßgewässern hohe Anteile von Mikroplastik gefunden wurden, wurde der Untersuchung von Wasser und Sedimenten in Flüssen und Seen mehr Aufmerksamkeit geschenkt (Stöven et al. 2015).

Abbildung 18: Entsorgung des gesamten jemals produzierten Plastikmülls (UNEP 2018, S. 7)

Nach neuesten Erkenntnissen wird davon ausgegangen, dass sich heute 79% der gesamten jemals produzierten Kunststoffabfälle auf Mülldeponien befinden oder in der Umwelt verstreut sind. Etwa zwölf Prozent wurden in Verbrennungsanlagen verbrannt, während lediglich neun Prozent recycelt wurden (vgl. Abb. 18) (UNEP 2018, S. 6). Dieses Thema hat daraufhin die Aufmerksamkeit des Europäischen Rates, des Europäischen Parlaments und der Europäischen Kommission geweckt, sodass im Dezember 2017 eine politische Einigung erzielt wurde. Ziel der Einigung, die im Januar 2018 als EU-Kunststoffstrategie veröffentlicht wurde (UBA 2019) ist, bis zu dem Jahre 2025 eine Verpackungsrecyclingrate von 65% zu erreichen, welche bis zum Jahr 2030 auf 70% erhöht werden soll. Des Weiteren erklärten sie ein spezifisches Ziel in Bezug auf Kunststoffverpackungen. Diese sollen bis 2025 zu 50% recycelt werden und bis 2030 soll die Recyclingrate auf 55% angehoben werden (UNEP 2018). Auch speziell in Deutschland wurden mit dem seit dem 1. Januar 2019 geltenden Verpackungsgesetz vergleichbare Ziele festgelegt. Das Gesetz bezieht sich hauptsächlich auf anspruchsvolle Recyclingquoten für Kunststoffverpackungen aus privaten Haushalten. Diese sollen von 36% Recyclingquote bisher, ab 2019 auf 58,5% und ab 2022 auf 63% angehoben werden. Damit setzt das Verpackungsgesetz ein deutliches Signal für mehr Kunststoffrecycling in Deutschland. Außerdem wurde erstmals darin verankert, dass ein recyclingfähiges Produktdesign gefördert wird (UBA 2019).

Bei spezieller Betrachtung der Kunststoffverpackungen ändert sich die Verteilung etwas. Die Abbildung 19 gibt einen Überblick über den globalen Verlauf von Plastikverpackungen nach Gebrauch. 86% der Kunststoffverpackungen aus dem Jahr 2015 wurden entsorgt. Davon landeten 40% auf Mülldeponien, 14% in Verbrennungsanlagen und

32% gingen verloren. Von den restlichen 14% wurden 2% effektiv recycelt, 8% in weniger wertige Produkte transformiert und 4% gingen während des Prozesses verloren (UNEP 2018).

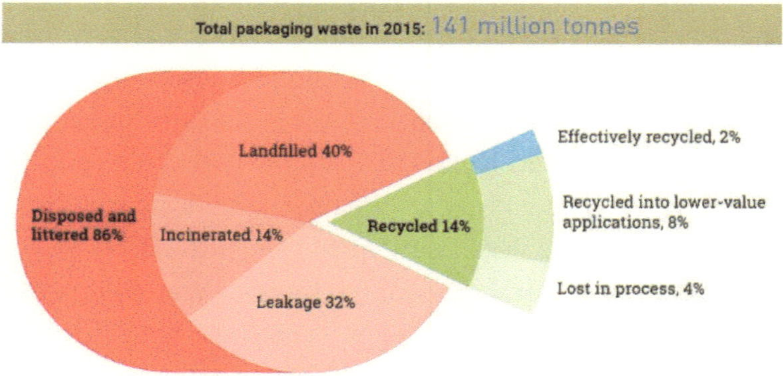

Abbildung 19: Was passiert mit dem Verpackungsmüll nach dessen Gebrauch?
(UNEP 2018, S. 7)

Jetzt stellt sich die Frage, wie Deutschland mit den aus Kunststoff bestehenden Abfallprodukten umgeht. 99% aller eingesammelten Kunststoffabfälle werden verwertet. Mit 43% dieser Menge ist die Recyclingquote in Deutschland zwar vergleichsweise hoch, diese könnte noch deutlich höher ausfallen wenn nicht mehr als die Hälfte der Kunststoffabfälle in Müllverbrennungsanlagen gelangte. Grund für den hohen Verbrennungsanteil ist, dass die energetische Verwertung oft rentabler ist als Recycling (Betker 2015).

Doch bei weitem nicht der gesamte anfallende deutsche Kunststoffmüll bleibt auch im Land. China hat sich in den vergangenen Jahren zum wichtigsten Müllimporteur entwickelt. 56% aller Kunststoffabfälle weltweit sind mit Schiffen nach China transportiert worden. Die größten Exporteure sind vor allem die USA und Japan gewesen, doch auch Deutschland und Großbritannien exportierten riesige Mengen an unsortiertem Plastikmüll nach China. Betrachten wir alle EU-Mitgliedsstaaten, sind 87% aller Plastikabfälle nach China exportiert worden. In China angekommen ist der Müll teilweise noch per Hand sortiert und anschließend zur Herstellung von Kunststoffen genutzt oder von Anlagen ohne moderne Filtertechniken verbrannt worden (Zeit 2018).

Seit dem 1. Januar 2018 aber dürfen acht Arten von Kunststoffen (einschließlich PE, PS, PET und PVC) nicht mehr nach China exportiert werden. Die Chinesen begründeten den radikalen Schnitt damit, dass der Müll zu dreckig und zu gefährlich sei und die Umwelt sowie die Gesundheit der Menschen geschützt werden soll (UNEP 2018). Dieser Schritt der chinesischen Regierung hat zu spürbaren Auswirkungen auf den europäischen und deutschen Recyclingmärkten geführt. Gerade diese Veränderung bietet den Länder, die sich bisher in Bezug auf die Entsorgung von Plastikmüll auf China verlassen haben, die Möglichkeit neue Strategien zu identifizieren, die die Behandlung von Kunststoffabfällen sowie die Verstärkung von ihrer lokalen Recyclingindustrie vorantreiben (UNEP 2018). Deutschland, Japan und Südafrika sind nur einige der vielen erfolgreichen Beispiele, bei denen die Verantwortung für das Recycling gebrauchter PET-Flaschen von den Herstellern übernommen wird (entweder freiwillig oder mit Hilfe von Gesetzen) (UNEP 2018). Doch auch in Deutschland ist der Widerstand der Industrie, insbesondere der Verpackungshersteller, in Bezug auf den Einsatz von Recyclingkunststoffen noch groß. Bisher füllt ausschließlich der Ökospezialist „Frosch" sein Waschmittel in Flaschen ab, die zu 100% aus recycelten Kunststoffen stammen. Den anderen Unternehmen sind die Kosten zu hoch oder andere Gründe wie z. B. mangelnde Gewährleistung von Qualität und

Liefersicherheit sorgen dafür, dass die Industrie noch immer Berührungsängste bezüglich Recycling hat (Zeit 2018).

Ein weiterer Grund warum der Recyclinganteil in Deutschland nicht deutlich höher ausfällt ist der, dass sich Kunststoffe im Vergleich zu anderen Materialien sehr schlecht recyceln lassen. Glas, Stahl und Aluminium können beliebig oft eingeschmolzen und anschließend wieder verformt werden. Die frisch hergestellten Produkte weisen die gleiche Qualität auf wie die Ausgangserzeugnisse. Das ist bei Kunststoffen nicht der Fall. Kunststoffe werden bei jeder Wiederverwertung deutlich zersetzt. Durch einen Recyclingvorgang einer Kunststoffflasche ist es nicht möglich, eine neue Kunststoffflasche von gleicher Qualität herzustellen (Freitag 2018). NABU 2019b fügt hinzu, dass die Sortenreinheit von Kunststoffabfällen ein entscheidender Faktor beim Recyclingvorgang ist und präzisiert die Aussage von Freitag. Je sortenreiner die Kunststoffabfälle (also reine Polyamid-, Polyethylen-, Polypropylen-, Polystyrol-, oder Polyvinylchlorid-Fraktion), desto leichter sind sie recycelbar und desto höher ist die Wertigkeit. Ein Werkstoffexperte des Umweltbundesamtes äußert sich folgendermaßen dazu: „Sortenreiner Kunststoffabfall hat als Werkstoff die gleiche Wertigkeit wie Neuware“ (NABU 2019b). Im „normalen“ Plastikmüll der Haushalte sind die Kunststoffabfälle keineswegs sortenrein. Von Shampooflaschen über Zahnpastatuben, Yoghurtbecher, Tetrapacks und Verpackungsfolien sind alle Kunststoffmaterialien durchmischt in einem Sack. Eine Trennung der verschiedenen Kunststoffe scheint technologisch aufwendig und für Laien nahezu unmöglich. Erschwerend dazu ist häuslicher Plastikmüll meist verschmutzt und liegt nur als kombinierter Werkstoff (Verbundmaterial) vor. Spezielle Trennverfahren werden aus Kostengründen nur sehr selten angewandt, sodass nur 35% des häuslichen Plastikmülls aus der gelben Tonne recycelt werden. In Industrie- und Gewerbebetrieben sieht die Situation anders aus. Wenn ein flächendeckendes Sammelsystem existiert, werden Kunststoffabfälle sortenrein voneinander getrennt und ermöglichen somit im Recyclingvorgang die gleiche Wertigkeit wie Neuware (NABU 2019b).

Die Erzeugnisse des Recyclings aus häuslichem Plastikmüll werden stattdessen für andere Produkte (Bekleidungsfasern, Straßenfüllmaterial, Kunststoffisolierung) verwendet (Freitag 2018). Die Pfandflaschen, die der Verbraucher im Supermarkt in den Automaten schiebt, werden zerkleinert und zu Ballen gepresst. Per Schiff werden sie nach China transportiert, wo die Flaschenstücke gereinigt und zu Textilien aller Art weiterverarbeitet werden. Für die Herstellung eines T-Shirts werden sechs PET-Flaschen benötigt, für ein Paar Socken ungefähr eine halbe. Der Recyclingkreislauf schließt sich, indem die einstigen Pfandflaschen per Schiff als Hemd, Hose oder Pulli zurück nach Deutschland kehren (NABU 2019b). Diese Produkte aus recycelten Materialien können nicht weiter recycelt werden. Aus diesem Grund ist jede Stufe des Kunststoffrecyclings ein weiterer Schritt in Richtung Deponie oder Meer. Dem Kunststoffrecycling sind Grenzen gesetzt, die eine nahezu unendliche Wiederverwertung verhindern (Freitag 2018).

9 Kunststoffe in der Umwelt

Die vielfältigen Eigenschaften, die Kunststoffe gegenüber anderen Werkstoffen auszeichnet, können sich absehbar auch nachteilig auswirken. Vor allem die schlechte Abbaubarkeit sowie Möglichkeiten zur Akkumulation tragen dazu bei, Schäden in der Umwelt zu verursachen, sobald die Kunststoffe sich ungewollt bzw. nicht zielgerichtet in der Umwelt anlagern (Barnes et al. 2009).

9.1 Der Abbau von Polymeren

Die Abbauraten von schwer und leicht abbaubaren Polymeren können sich um ganze drei Größenordnungen unterscheiden (Faktor 1000). Besonders bei den schwer abbaubaren Polymeren sind große Unsicherheiten vorhanden, sodass in den wenigen Untersuchungen zu diesem Thema von Abbauzeiten von bis zu 2000 Jahren die Rede ist (Bertling et al. 2018). Der Abbau von Polymeren kann durch eine Vielzahl von abiotischen und biotischen Faktoren sowie dem individuellen Aufbau des Polymers begünstigt oder behindert werden. Begünstigt wird beispielsweise eine Versprödung des Polymers durch UV-Strahlung an der Meeresoberfläche, welche durch die nachfolgende Fragmentierung durch Wellen, Wind oder Tierbisse vorangetrieben wird. Die dadurch entstandene Oberflächenvergrößerung führt dazu, dass sich Biofilme bilden und es zur Besiedlung mit Mikroorganismen kommt. Die extrazellulären Enzyme der Mikroorganismen initiieren anschließend den weiteren Abbau, bis hin zur vollständigen Mineralisierung. Nicht alle Polymere können durch Hydrolyse gespalten werden. Polyester, Polyamide, Polycarbonate oder Polyurethane sind dazu in der Lage, während Polyolefine wie Polyethylen oder Polypropylen das nicht können. Doch auch bei Polymeren, die durch die Hydrolyse gespalten werden können, kann es sein, dass ihr Abbau sehr langsam verläuft. Voraussetzungen dafür können eine hohe Kristallinität des Polymers, niedrige Temperaturen oder abbauhemmende Additive sein (Bertling et al. 2018).

9.2 Mikroplastikvorkommen

Neben den Mikroplastikvorkommnissen in den unterschiedlichsten Umweltkompartimenten konnte Mikroplastik bereits in vielen Lebensmitteln wie z. B. Miesmuscheln, Fisch, Honig, Bier und sogar im Trinkwasser nachgewiesen werden. Schwer zu sagen ist dabei, ob Mikroplastik bereits im Rohstoff der Lebensmittel vorhanden war oder erst durch die Verarbeitung hineingelangt ist. Da sich Mikroplastik über die Luft und den Wasserkreislauf verbreitet, kann davon ausgegangen werden, dass sich Mikroplastik in allen Umweltkompartimenten wiederfinden lässt. Der prognostizierte Anstieg des Kunststoffgebrauchs und die damit verbundenen steigenden Kunststoffemissionen lassen erwarten, dass der Mikroplastikeintrag in Zukunft weiter wächst und die Konzentrationen von Mikroplastik in der Umwelt weiter ansteigen werden (Bertling et al. 2018).

Doch was für Auswirkungen hätte das für Pflanzen, Tiere und den Menschen? Fakt ist, die physikalische, chemische und auch biologische Beständigkeit von Kunststoffen im Allgemeinen erfordert eine ausführliche wissenschaftliche Untersuchung im Hinblick auf das Verhalten und mögliche Auswirkungen der Kunststoffe in der Umwelt (UBA 2015a).

Diese Unsicherheiten aufgrund von unvollständigen wissenschaftlichen Erkenntnissen verhindern nicht, dass der Staat auf Anlass zur Besorgnis reagieren kann. Das Vorsorgeprinzip ermöglicht es ihm,

Situationen der Ungewissheit rechtlich zu bewältigen. Das Vorsorgeprinzip ist Leitlinie der Umweltpolitik auf deutscher, EU- und internationaler Ebene und legitimiert sowie gebietet dem Staat umweltschützendes Handeln. Darin wird festgelegt, dass Vorsorge durch frühzeitiges und vorausschauendes Handeln verhindern soll, dass Gefahren für die Umwelt überhaupt erst entstehen (UBA 2015b). Wer das Vorsorgeprinzip beherzigt und künftigen Generationen eine möglichst intakte Umwelt hinterlassen will, muss umgehend handeln. „Plastik darf nicht mehr in die Umwelt gelangen!“(WWF 2019).

9.3 Wirkungen von (Mikro-)Plastik

Kunststoffemissionen haben Auswirkungen auf Organismen, Ökosysteme und den Menschen, deren Ausmaß sich trotz ihrer ubiquitären Verbreitung nicht abschätzen lässt. Grundsätzlich sind Polymere wenig reaktiv. Ihre Toxizität ist daher eher gering. Die bisher beobachteten Schadwirkungen sind vorrangig physikalischer Natur. Durch Fragmentierung ändert sich die Partikelgrößenverteilung hin zu immer kleineren Werten und führt dadurch zu negativen Effekten für immer mehr Organismen. Im Wesentlichen sind Meereslebewesen und Seevögel durch ihre geringe Selektivität bei der Nahrungsaufnahme betroffen. Dies gilt besonders für filtrierende Organismen (Bertling et al. 2018).

Eine Studie des UBA (2016) befasste sich mit der Untersuchung des Verdauungstraktes von Fischen. Dabei wurden 258 im Freiwasser lebende und 132 am Meeresboden lebende Fische verschiedener Arten aus Nord- und Ostsee qualitativ und quantitativ auf Kunststoffe untersucht. In 69% der Fischproben konnte Mikroplastik unter einem Millimeter Größe nachgewiesen werden. Andere Untersuchungen fanden zudem Meso- und Makropartikel in Fischmägen. Auch für Meeresvögel jeglicher Art stellen Kunststoffe eine Gefahr dar. Der Eissturmvogel gilt in der Nordsee als Indikatorart für die Aufnahme von Plastikpartikeln. In 94% der an Nordseestränden tot aufgefundenen Eissturmvögel konnten Kunststoffe im Magen identifiziert werden, in 62% der Fälle mehr als 0,1 g. Die deutsche Bucht gehört trotz Schutzmaßnahmen laut Meeresbiologen zu den am stärksten mit Müll belasteten Regionen der Nordsee. Auch in der Basstölpelkolonie auf Helgoland spielen Kunststoffe eine große Rolle. Eine weitere UBA-Studie stellte fest, dass 97% der Nester Kunststoffe enthielten. Dabei handelte es sich überwiegend um Materialien aus der Fischerei (z. B. Netzreste, Leinen, Schnüre und Scheuerschutz von Schleppnetzen), aber auch Verpackungen (UBA 2019).

Auch von den Additiven, die zur Modifikation von Kunststoffen eingesetzt werden, geht eine Gefahr aus. Viele dieser Additive sind niedermolekular und reaktiver als Polymere. Deshalb ist auch ihre Toxizität häufig höher. Grundsätzlich lassen sich folgende ökologische und humantoxikologische Effekte erwarten (Bertling et al. 2018).

Ökologische Effekte:

- Negative Wirkungen auf Organismen durch Strangulation (vgl. Abb. 20)
- Wirkungen auf Organismen nach Aufnahme (Ingestion), Ausscheidung (Egestion), durch Akkumulation, Translokation sowie Transfer innerhalb der Nahrungskette
- Chemische Gefahren durch die Freisetzung von Additiven, Monomeren und kritischen Metaboliten

- Verschleppung von Arten (Drifting)
- Physikalische Auswirkungen auf ein Ökosystem

Abbildung 20: Ein strangulierter Wasservogel (NABU-Garbsen)

Effekte beim Menschen:

Die Effekte, die insbesondere Mikroplastik auf den Menschen hat, lassen sich nicht so einfach darstellen wie die ökologischen Effekte. Die Auswertung einer Feldstudie zeigt, dass etwa 85% der Muscheln und 37% der Fische mit Mikroplastik belastet sind. Demzufolge ist die Wahrscheinlichkeit sehr hoch, Mikroplastik bei deren Verzehr in den

Körper aufzunehmen. Feldstudien können zwar die Aufnahme von Mikroplastik in einen Organismus und seine Organe feststellen, welche Auswirkungen diese auf den Organismus haben, lässt sich anhand von Feldstudien jedoch nicht sagen.

Laborstudien dagegen sind in der Lage zu zeigen, dass Mikroplastik das Immunsystem, die Fertilität sowie die Mortalität beeinflusst. Es wurden bereits über 200 verschiedene Kunststoffarten in Labor- und Feldstudien untersucht, trotzdem lassen sich bisher keine pauschalen Aussagen über die physikalischen oder chemischen Auswirkungen von Mikroplastik in Bezug auf die Effekte beim Menschen treffen. Studien, die sich mit den Auswirkungen von Mikroplastik auf die Gesundheit der Menschen befassen, gibt es bisher nicht. Dennoch ist eine Wirkung auf die Gesundheit nicht auszuschließen. Bisphenol A, Phthalaten und Insektizide wie Dichlordiphenyltrichlorethan (DDT) werden gesundheitsschädigende Wirkungen zugeschrieben. Diese beinhalten Herz-Kreislauf-Erkrankungen, hormonelle Veränderungen und Fettleibigkeit (Bertling et al. 2018). Der Feinstaub aus Mikroplastik, der z. B. durch Reifenabrieb entsteht, kann über die Atemwege in die Lunge gelangen und eine Vielzahl von Erkrankungen hervorrufen (Liebmann 2015).

Für die Beurteilung des Schadpotenzials von Mikroplastik müssen die drei folgenden Aspekte berücksichtigt werden (vgl. Liebmann 2015):

Gefährliche Stoffe im Kunststoff:

Gefährliche Stoffe, die den Kunststoffen bei der Herstellung bzw. Weiterverarbeitung zugesetzt werden (Additive), können beim Verbleib des Kunststoffes in der Umwelt auslaugen (Leaching). Die

Mechanismen des Auslaugens von Schadstoffen aus Mikroplastikpartikeln sind bislang wenig erforscht. Als bedeutende Triebkräfte für das Leaching werden Faktoren wie Temperatur, pH-Wert sowie die Verhältnisse von Porengröße im Polymer zur Molekülgröße des Schadstoffes angenommen (Liebmann 2015).

Anhaftende Umweltschadstoffe:

Schadstoffe, die sich in verschiedenen Umweltkompartimenten befinden, können beim Kontakt mit Mikroplastik an der Partikeloberfläche anhaften und sich somit anreichern. Aus Meeresstudien geht hervor, dass hauptsächlich persistente organische Schadstoffe zur Anhaftung an (Mikro-)Plastik neigen. Der Schadstoffgehalt kann am Partikel bis zu einer Million Mal höher sein als im umgebenden Wasser (Liebmann 2015).

Mikroplastik als Schadstoff:

Umweltschädigende Eigenschaften der Mikroplastikpartikel können sich aus den physikalisch-morphologischen Eigenschaften der Partikel ergeben. Eine Verallgemeinerung der Toxizität von Mikroplastik ist nicht möglich, da sich die unterschiedlichen Größen der Partikel jeweils anders verhalten. Bei einer Aufnahme von Mikroplastik über die Nahrung, bei der der Durchmesser der Partikel größer als 5 µm ist, ist das Ausscheiden über den Magen-Darm-Trakt sehr wahrscheinlich. Bei kleineren Partikelgrößen von unter 1 µm Durchmesser kann es zur Durchgängigkeit von Organen und Zellwänden kommen, dennoch ist der Mikroplastiktransport durch Zellmembranen eher unwahrscheinlich. Sollten Partikel in den Blutkreislauf gelangen, ist ein tieferes Vordringen in Organe nicht möglich. Stattdessen werden sie über die Milz eliminiert. Dennoch sind Effekte auf das

Immunsystem sowie Entzündungsreaktionen derzeit nicht auszuschließen, wurden bislang aber nur bei Miesmuscheln dokumentiert. Die Wissenslücken in Bezug auf das Schadpotenzial von (Mikro-)Plastik sind jedoch noch sehr groß. Dies gilt es bei einer Untersuchung stets zu berücksichtigen (Liebmann 2015).

10 Handlungsalternativen

Die Plastikproblematik fordert ähnlich wie die Energiewende zu einer grundlegenden Transformation in der Gesellschaft auf. Vor allem die Konsumentinnen und Konsumenten (im Folgenden Konsumenten genannt) rücken dabei neben den Plastikproduzenten vermehrt in den Fokus. Konsumenten können durch ein nachhaltiges und bewusstes Konsumverhalten dazu beitragen, ihren eigenen Plastikgebrauch zu reduzieren. „In erster Linie müsste der sorglose Umgang mit Plastik verändert, der Gebrauch von Plastikgegenständen vermindert, die Akzeptanz von Substituten erhöht und Mikroplastik aus unverzichtbaren Verbrauchsgütern des täglichen Lebens (Zahnpasta, Duschgels etc.) entfernt werden" (Betker 2015, S. 130). Das Umweltbundesamt sieht ein generelles Verbot von absichtlich zugesetztem Mikroplastik in Reinigungs- und Kosmetikprodukten als den effektivsten Weg zur Reduktion des Eintrags von Mikroplastik in die Umwelt an (UBA 2019).

Oftmals ist es jedoch so, dass die Verbraucher(innen) nicht ausreichend informiert sind. Eine offensivere Aufklärung und Bildung zu diesem Thema könnte dazu beitragen, dass Konsumenten ein Bewusstsein entwickeln und z. B. ihren Einkauf so gestalten, dass sie auf Produkte, in denen Mikroplastik enthalten ist, verzichten und damit gleichzeitig mögliche Umweltgefährdungen vermeiden (vgl. Kapitel 5.1 Kosmetika und Reinigungsmittel „Code Check") (UNEP 2018). Voraussetzung dafür wäre eine entsprechende Kennzeichnungspflicht von jeglicher Art Kosmetikprodukten (Betker 2015, S. 131). Doch nicht jeder Bürger ist in umweltbetreffenden Themen gleichermaßen engagiert. Viele denken beim Einkauf nicht an die Umwelt bzw. denken, sie alleine können nichts bewirken. Dem ist aber nicht so. Jeder einzelne kann in Bezug auf aktuelle Probleme wie z. B. den Klimawandel oder die Plastikproblematik etwas bewirken, indem er nachhaltig handelt und auf Produkte, in denen Mikroplastik enthalten ist, verzichtet. Eine weitere Möglichkeit ist ein Wocheneinkauf, der weitestgehend verpackungsfrei gestaltet ist. Nachhaltiges Handeln von einer Vielzahl von Menschen, kann zu sichtbar positiven Ergebnissen führen.

Märkte bzw. die Wirtschaft richten sich nach dem Kaufverhalten der Konsumenten. Kaufen diese beispielsweise in verpackungsfreien Läden anstelle von Supermärkten ein, hat das einen großen Einfluss auf die Industrie. Supermärkte verlieren Kunden, während verpackungsfreie Läden Kunden dazugewinnen. Dadurch kann der Kunde dazu beitragen, dass sich verpackungsfreie Märkte durch Kundenzuwachs etablieren und womöglich expandieren. Dieser bewusstere Umgang im Einkaufsverhalten kann die sichtbare Vermüllung der Umwelt reduzieren und zur Entschärfung des Plastikproblems beitragen. Ein komplett plastikfreies Leben ist jedoch sehr schwierig. Dennoch kann mit dem anfallenden Plastikmüll auch nachhaltig umgegangen werden indem dieser entsprechend recycelt bzw. verwertet wird.

Eine gezielte Kreislaufwirtschaft stellt neben der Reduzierung von Kunststoffemissionen eine wichtige Säule dar, wie in Zukunft mit Kunststoffen umgegangen werden kann. Forciert durch die europäische Kunststoffstrategie wird eine Vielzahl von Lenkungsmaßnahmen in öffentlichen und politischen Debatten diskutiert. Um diesen Zielen näher zu kommen wird vor allem eine Kombination aus Verboten, eine Förderung und Ausweitung des Pfandsystems, Maßnahmen zur Verlängerung der Nutzungsdauer von Kunststoffprodukten und die Förderung der Rezyklierbarkeit als vielversprechend angesehen (Bertling et al. 2018).

In Deutschland gibt es eine Menge unterschiedlicher Pfandsysteme. In der Regel beziehen sich diese auf Glas- und Kunststoffflaschen. Im Folgenden wird das deutsche Pfandsystem der Kunststoffflaschen erläutert, denn nicht jede Kunststoffflasche trägt ein Pfand. Es gibt vier Kategorien von Plastikflaschen, die alle aus dem Kunststoff PET hergestellt werden und somit den Namen „PET-Flaschen“ tragen (NABU 2019a).

PET-Mehrwegflasche mit Pfand:

Die PET-Mehrwegflaschen werden bis zu 25 Mal gespült und wiederbefüllt und sind dadurch die ökologisch vorteilhafteste Getränkeverpackung. Das Pfand bei PET-Mehrwegflaschen beträgt in der Regel 15 Cent. Erkennbar sind Mehrwegflaschen durch das Wort „Mehrweg“, was oft auf die Flasche gedruckt ist, oder durch entsprechende Mehrweg-Umweltzeichen (siehe Abb. 21).

Abbildung 21: Mehrweg-Umweltzeichen (NABU 2019a)

PET-Einwegflasche mit Pfand:

Die PET-Einwegflaschen mit Pfand werden zurückgenommen aber nicht ausgespült und erneut befüllt. Jede Flasche trägt das Pfandzeichen, das gesetzliche Pfand beträgt 25 Cent.

PET-Einwegflaschen mit Pfand im Mehrwegkasten:

Die Einwegflaschen werden bei diesem Pfandsystem im Mehrwegkasten verkauft. Die leeren PET-Flaschen werden aber auch hier nur recycelt und nicht erneut befüllt. Regelmäßige Verwirrungen von Kunden in Getränkemärkten sind die Folge.

PET-Einwegflasche ohne Pfand:

Diese PET-Einwegflaschen werden nur einmalig benutzt, bevor sie in der gelben Tonne entsorgt werden. Sie werden häufig für Säfte und geschmacklich verändertes Wasser genutzt und sind von der gesetzlichen Pfandpflicht ausgenommen (NABU 2019a).

Erhebungen der Brüsseler Kommission ergaben, dass in der EU jährlich 26 Millionen Tonnen Plastikmüll anfallen, von denen weniger als ein Drittel recycelt wird. Die übrigen zwei Drittel werden entweder verbrannt, eingelagert oder landen im Meer. Der EU-Durchschnitt liegt damit bei 31,1 kg pro Einwohner. Mit 37,4 kg pro Einwohner generiert Deutschland deutlich mehr Plastikmüll als der EU-Durchschnitt (Zeit 2019).

Aus Sicht des Umweltbundesamtes ist Voraussetzung für eine Kreislaufwirtschaft, dass alle Akteure über die gesamte Wertschöpfungskette hinweg miteinander kooperieren und Informationen über Produktzusammensetzungen und Stoffinhalte transparent zur Verfügung stellen. Kreislaufwirtschaft bzw. Recycling ist nur dann möglich, wenn die Kunststoffabfälle auch sortierbar und recyclingfähig sind. Bereits während der Entwicklung eines Produktes ist es wichtig an dessen Lebensende zu denken und die Verwertungsmöglichkeiten zu berücksichtigen. Genau das wird heute beim Produktdesign noch viel zu selten umgesetzt. Das seit dem 1. Januar 2019 geltende Verpackungsgesetz knüpft dort an und verspricht, dass ein recyclingfähiges Produktdesign gefördert wird (UBA 2019).

Die Abbildung 22 fasst den möglichen Umgang mit Kunststoffabfällen zusammen. Von der bestmöglichsten Alternative der Verhinderung (Prevention) von Kunststoffen (Most preferred), bis zur schlechtesten Alternative der kontrollierten bzw. unkontrollierten Ablagerung (Controlled and uncontrolled deposit) von Kunststoffen (Least preferred), sind nahezu alle Möglichkeiten vorhanden, wie mit Kunststoffabfällen in Zukunft umgegangen werden kann und soll (UNEP 2018). Mit dem im März 2019 verabschiedeten Verbot von Kunststoffwegwerfprodukten wie Strohhalmen, Trinkbechern und Grillbesteck, hat das EU-Parlament einen wichtigen Schritt in die richtige Richtung gemacht um den Plastikmüll zu reduzieren. Die Richtlinie, die ab 2021 gelten wird, soll der Vermüllung der Meere entgegenwirken. Vom europäischen Markt verschwinden zunächst nur Produkte, für die es bereits Alternativen gibt. Dazu gehören unter anderem Plastikteller und -besteck sowie Strohhalme, Luftballonstäbe und Wattestäbchen aus Kunststoff. Auch Behälter und Becher aus aufgeschäumtem Polystyrol sollen verbannt werden.

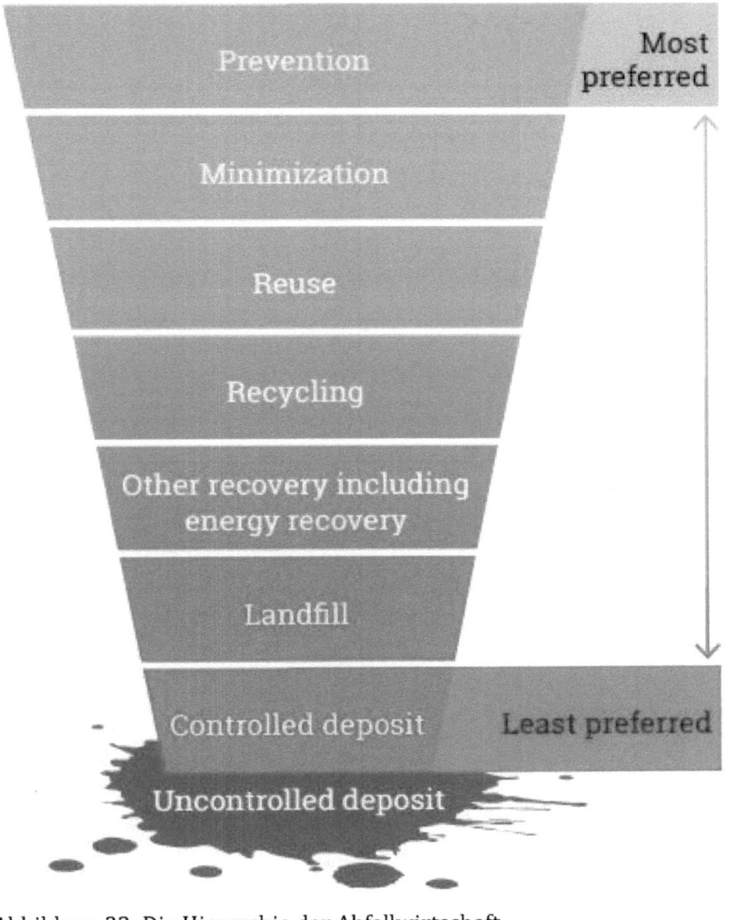

Abbildung 22: Die Hierarchie der Abfallwirtschaft
(UNEP 2018, S. 7)

Die neue Regelung besagt außerdem, dass bis 2029 mindestens neun von zehn Plastikflaschen getrennt gesammelt und recycelt werden müssen. Des Weiteren sollen bis 2025 die neu verkauften Plastikflaschen zu mindestens 25% aus recyceltem Material bestehen. Auch die Hersteller sollen stärker in die Pflicht genommen werden und sich an Kosten von Reinigungsaktionen wie z. B. an Stränden beteiligen. Insbesondere die Tabakindustrie, die die Verantwortung für die zahlreichen Zigarettenfilter trägt, die in die Umwelt gelangen sowie die Fischerei, stehen dabei besonders im Fokus (Zeit 2019).

Bertling et al. 2015 weisen in der Fraunhofer Umsicht auf folgende Schritte hin, die notwendig sind, um die Umwelt vor Mikroplastikeinträgen zu bewahren:

1. „Vermeidung des Plastikeintrags in Ökosysteme durch weltweiten Ausbau geeigneter Erfassungs- und Sammelsysteme und logistische Optimierung bei Umschlag und Transport.
2. Entwicklung von biobasierten Materialien, die sich in den jeweiligen Umweltkompartimenten in sinnvollen Zeiträumen kaskadenartig abbauen (z. B. für Kosmetik-und Reinigungsartikel oder Verpackungen).
3. Entwicklung technischer Verfahren zur Reduzierung des Mikroplastikeintrags, z. B. durch Verwendung von Filtrationstechniken an Eintragsquellen (Kläranlagen, Waschmaschinen etc.).
4. Standardisierung von Untersuchungsmethoden.
5. Austausch und Information zwischen Wissenschaft, Industrie und Öffentlichkeit.
6. Sensibilisierung und Änderung des Konsumentenverhaltens in Bezug auf Kunststoffe durch wissenschaftlich fundierte und verständliche Kommunikation des Themas.

7. Schaffung von Anreizen, nicht nur zur Verringerung des Kunststoffeintrags, sondern auch zur aktiven Entfernung von Kunststoffen aus der Umwelt, z. B. durch Ausbau von s. g. Polymer- Harvest-Systemen in Flüssen und Meeren für Fischerei und Fangflotten, Durchführung von Plastikabfall-Sammelaktionen etc."(Bertling et al. 2015, S. 5).

Neben den traditionellen Kunststoffen bieten Biokunststoffe eine umweltfreundlichere Alternative. Biokunststoffe werden in drei unterschiedliche Materialgruppen eingeteilt (Stöven et al. 2015):

- Kunststoffe aus nachwachsenden Rohstoffen (biobasierte Kunststoffe), die aber nicht zwangsläufig abbaubar sind,
- Biologisch abbaubare Kunststoffe (entweder aus Erdöl oder biobasiert), deren Abbau mehrere Jahre dauern kann,
- Biokompatible Kunststoffe (sowohl aus Erdöl als auch biobasiert) die nicht zwangsläufig biologisch abbaubar sind.

Für den kritischen Verbraucher gewinnen neben dem eigentlichen Bioprodukt, Faktoren wie die Umweltfreundlichkeit der Verpackung zunehmend an Bedeutung. Das kann zu einer Beeinflussung der Kaufentscheidungen von Konsumenten führen. Biokunststoffe finden hauptsächlich im Lebensmittelbereich Verwendung. Hier werden sie z. B. für Getränkeflaschen und Einwegplastiktüten genutzt. Als Material für Lebensmittelverpackungen wird Biokunststoff aufgrund seiner unbefriedigenden Materialeigenschaften kaum eingesetzt. Bemängelt wird hier der unzureichende Schutz vor Gerüchen, Sauerstoff und Wasserdampf (Stöven et al. 2015).

Laut neuesten Erkenntnissen der Forschung sind viele der neuen, vermeintlich umweltfreundlicheren Alternativen zu Kunststoffprodukten, gar nicht so umweltfreundlich wie bisher gedacht. Die Plastiktüte in Supermärkten wurde vielerorts in Deutschland bereits aus dem Sortiment genommen und entweder durch Papiertüten oder Tüten aus Biokunststoffen ersetzt. Auch der Bambusbecher, der als umweltschonende Alternative zu Einwegvarianten galt, steht in der Kritik.

Biokunststoffe:

Trotz der vermeintlichen Umweltfreundlichkeit von Biokunststoffen gibt es diesbezüglich auch gegenteilige Meinungen. Fossile Rohstoffe wie Erdöl und Erdgas können zwar durch eine gezielte Verwendung von nachwachsenden Rohstoffen, wie Stärke, Zucker oder Cellulose, als Ausgangsstoffe für die Herstellung von Kunststoffprodukten ersetzt werden, allerdings werden beim überwiegend konventionellen Anbau und der Weiterverarbeitung von Rohstoffpflanzen, wie Mais und Zuckerrohr ebenfalls große Mengen fossiler Energieträger verbraucht. Die Umweltauswirkungen bei der Produktion von Kunststoffen aus nachwachsenden Rohstoffen sind im Vergleich zur herkömmlichen Kunststoffproduktion aufgrund von der Naturraumbeanspruchung, der Eutrophierung und Versauerung von Böden und Gewässern sowie dem Verlust von Biodiversität höher (Deutsche Umwelthilfe 2018). Es werden zum Teil Pestizide eingesetzt, die in der EU verboten sind weil ihr Gift die Gesundheit von Menschen und Tiere, insbesondere Bienen, gefährdet. Neben den ökologischen Auswirkungen des Anbaus der Rohstoffpflanzen, haben der globale Preisdruck sowie die Marktkonzentration im Anbauland Brasilien zu Niedriglöhnen und Armut in den betroffenen Regionen geführt (Heinrich-Böll-Stiftung & BUND 2019). Biobasierte Kunststoffe weisen daher laut Ökobilanzen keine generellen Umweltvorteile auf.

Eine Möglichkeit die Ökobilanz in Zukunft zu verbessern liegt in der Nutzung von landwirtschaftlichen Rest- und Nebenprodukten. Derartig hergestellte Biokunststoffe aus Orangenschalen oder Sägespänen haben das Potenzial, den problematischen Einsatz fossiler Ressourcen zu begrenzen (Deutsche Umwelthilfe 2018). Hersteller und Händler, die Bioplastik verwenden, bewerben ihre Produkte häufig als „umweltfreundlich", „grün" oder „öko". Viele dieser sogenannten biologisch abbaubaren Kunststoffe bauen sich in der Umwelt jedoch ähnlich langsam ab wie konventionelle Kunststoffe. Dieses Wissen ist in der Gesellschaft aber sehr beschränkt vorhanden, da suggeriert wird, dass die Kunststoffe biologisch abbaubar seien. Durch diese falsche Information kann sich das Problem der Vermüllung sogar noch verschärfen, denn mit dem Hintergedanken der biologischen Abbaubarkeit könnte in Zukunft noch mehr Plastik in der Umwelt entsorgt werden (Deutsche Umwelthilfe 2018).

Papiertüten:

Auch die Einwegtüten aus Papier schneiden laut Umweltexperten in Ökobilanzen nicht besser ab als konventionelle Plastiktüten. Im Gegenteil. Für die Papiertüte werden sehr lange und besonders reißfeste Zellstofffasern benötigt. Diese brauchen in der Produktion sehr viel Wasser und Energie. Zudem muss eine große Menge an Chemikalien eingesetzt werden. Da Papier nicht so widerstandsfähig ist wie Kunststoff, wird für das Erlangen derselben Reißfestigkeit doppelt so viel Material benötigt. In Bezug auf den Ressourcenverbrauch schneidet die Papiertüte also schlechter ab als die Einwegplastiktüte. Daher macht es wenig Sinn die Einwegplastiktüten durch Einwegpapiertüten zu ersetzen (Spiegel 2018). Ein großer Vorteil der Papiertüte gegenüber der Plastiktüte ist allerdings, dass sie sich in der Natur deutlich schneller abbaut. Laut der Deutschen Umwelthilfe (DUH) müsste eine Papiertüte drei Mal verwendet werden, damit sie umweltfreundlicher ist als eine Plastiktüte. Experten gehen davon aus, dass nur ein sehr geringer Teil der Papiertüten wiederverwendet wird (Orange 2017).

Der Discounter Aldi geht noch einen Schritt weiter. Seit Ende 2018 werden in allen Aldi-Märkten bundesweit aus ökologischen Gründen weder Einwegplastiktüten noch Einwegpapiertüten an den Kassen zum Kauf angeboten. Stattdessen sollen ausschließlich Mehrwegtragetaschen aus stabilerem Kunststoff verkauft werden (Spiegel 2017). Auch in Bezug auf die dünnen Plastiktüten für Obst und Gemüse geht Aldi voran. Diese Tüten sollen künftig einen symbolischen Preis von einem Cent erhalten, nachdem sich gezeigt hat, dass die Entwicklung bei den großen Plastiktüten nach Einführung eines Preises von ca. 45 Tüten pro Jahr und Einwohner im Jahr 2016 auf nur noch 24 Tüten 2018 gesunken ist. Allerdings ist zu erwähnen, dass in dem Zeitraum der Kosteneinführung für die großen Plastiktüten, der Pro-Kopf-Verbrauch für die dünnen, damals noch kostenlosen Plastiktüten gestiegen ist (Spiegel 2019).

Bambusbecher:

Bambusbecher gelten als eine scheinbar nachhaltigere Alternative zu Einwegbechern aus Pappe und Plastik. Die Hersteller versprechen, sie seien biologisch abbaubar und könnten recycelt werden. Dem ist leider nicht so. Die „To-Go-Becher“ bestehen zwar hauptsächlich aus zermahlenen Bambusfasern. Dennoch konnte Melaminharz in den Bechern nachgewiesen werden. Dieses Melaminharz ist ein Kunststoff, der grundsätzlich nicht gefährlich ist, jedoch einigen Gebrauchsanweisungen unterliegt und verhindert, dass sich die Becher biologisch abbauen können. Eine der Gebrauchsanweisungen ist beispielsweise, dass Temperaturen von über 70 Grad Celsius vermieden werden sollen. Damit stellt dieser Kunststoff als Inhaltsstoff in Heißgetränkegefäßen schlechte Voraussetzungen dar. Zwölf verschiedene Bambusbecher wurden daraufhin getestet. Bei mehr als der Hälfte gingen sehr hohe Mengen Schadstoffe in das Getränk über. Diese Schadstoffe des Melaminharzes stehen im Verdacht Erkrankungen im Blasen- und Nierensystem hervorzurufen, sowie Haut, Atemwege und Augen zu reizen und sogar Krebs im Nasen-Rachen-Raum zu verursachen, sobald es zum Einatmen dieser Stoffe kommt. Aufgrund der schlechten biologischen Abbaubarkeit sowie der starken Gesundheitsgefährdung stellt der Bambusbecher keine gute Alternative zu Einwegbechern dar. Hier sollte auf Mehrwegbecher aus anderen Materialien zurückgegriffen werden wie z. B. Edelstahl, Porzellan oder auch Polypropylen (PP) (FAZ 2019).

11 Fazit und Ausblick

Kunststoff ist ein Werkstoff, der zugleich positive und negative Seiten aufweist. Dieser Werkstoff ist aufgrund seiner variablen Materialeigenschaften enorm vielseitig und stellt gleichzeitig wegen der kostengünstigen Produktionsmöglichkeiten einen gewaltigen Wirtschaftsfaktor dar, sodass keine Branche auf Kunststoffe verzichtet. Kunststoffe werden z. B. in der Verpackungsindustrie, der Kosmetikindustrie, im Baubereich, in der Medizin, im Straßenverkehr und in der Luft- und Raumfahrt genutzt. Es scheint, als seien Kunststoffe aus diesen Branchen nicht mehr wegzudenken, sie alternativlos sind. Solange mit Kunststoffen nachhaltig umgegangen wird, stellen sie eine Bereicherung für den Menschen dar und können sogar, z. B. in der Medizintechnik, zu einer Verbesserung der Lebenserwartung sowie der Lebensqualität führen. Doch wurde in der Vergangenheit und wird teilweise auch heute noch, nicht verantwortungsvoll und nachhaltig mit Kunststoffen umgegangen. Das hat dazu geführt, dass die Problematik um Kunststoffe, insbesondere Mikroplastik, sich neben dem Klimawandel zu einem der größten Umweltprobleme des 21. Jahrhunderts entwickelt hat. Kunststoffe werden in unterschiedlichen Formen für verschiedene Zwecke hergestellt. Ein Großteil von ihnen wird nur einmal benutzt und landet dann im Müll. So entstehen riesige Mengen Plastikmüll. Dieser Plastikmüll gelangt je nach Abfallsystem entweder auf Mülldeponien, wird verbrannt oder wird über diverse Wege der Umwelt zugeführt, wo er nicht nur ästhetische Veränderungen verursacht, sondern wo sich Makroplastik im Laufe der Zeit zu Meso- und Mikroplastik zersetzt. Ökologische Gefahren sowie Gefahren für alle Lebewesen, die in dem Umweltkompartiment leben, sind die Folgen.

Erste wissenschaftliche Studien zeigen, das winzige Plastikpartikel samt Schadstofflast in der Nahrungskette übertragen werden. In welchem Maße das geschieht ist ungeklärt. Außerdem lassen sich bisher keine pauschalen Aussagen über die physikalischen oder chemischen Auswirkungen von Mikroplastik auf den Menschen machen. Eine Wirkung auf die Gesundheit ist aber nicht auszuschließen. Hier gibt es dringenden Forschungsbedarf. Um Risiken für Mensch und Umwelt von vorneherein zu vermeiden, ist die Anwendung des Vorsorgeprinzips in jeder Hinsicht unerlässlich.

Hoffnung machen moderne Recyclingverfahren. Aber selbst in einem technologisch hochentwickelten Land wie Deutschland wird nur ein kleiner Teil, nicht einmal die Hälfte des anfallenden Plastikmülls, recycelt. Ein Teil unseres Plastikmülls wurde in der Vergangenheit auf Schiffe verladen und in Richtung China abtransportiert. Doch China und auch andere Länder wollen nicht mehr Weltmüllkippe sein und haben den Import von Plastikmüll gestoppt. Wie soll es also in Zukunft weitergehen mit dem Plastikmüll? Bislang ist noch kein Werkstoff mit annähernd so vielseitigen Eigenschaften entwickelt worden, der eine Alternative zum Kunststoff darstellt. Hier müsste verstärkt nach alternativen Werkstoffen geforscht werden. Zugleich steht der Wissenschaft und Industrie die Aufgabe bevor, bereits vorhandene Kunststoffe hinsichtlich ihrer ökologischen Auswirkungen in der Umwelt zu verbessern. Zu nennen sind hier die Abbaubarkeit von Polymeren, die Substituierung kritischer Additive sowie die Entwicklung von Abriebs- und verwitterungsärmeren Kunststoffen.

Obwohl die Mikroplastikforschung noch in den Kinderschuhen steckt und viele Unsicherheiten und Wissenslücken bezüglich der Auswirkungen von Mikroplastik auf die Umwelt bestehen, müssen Wege eingeschlagen werden, die einen weiteren Anstieg der Kunststoffproduktion verhindern. Veränderungen – der Umgang mit Kunststoff muss nachhaltiger und umweltbewusster werden – spielen dabei eine entscheidende Rolle.

Eine strukturierte Vorgehensweise im Umgang mit Kunststoffabfällen (siehe Abb. 22) kann folgendermaßen aussehen:

- Unkontrollierte und kontrollierte Ablagerung von Müll in der Umwelt bzw. auf Mülldeponien sind keine Alternative.
- Die Energierückgewinnung durch Verbrennung scheint aus ökologischer Sicht besser zu sein, ist aber dennoch keine zufriedenstellende Lösung.
- Eine entsprechende Kreislaufwirtschaft (Recycling) ist eine weitaus bessere Alternative. Die Kunststoffabfälle müssen weltweit einer gut funktionierenden Kreislaufwirtschaft zugeführt werden, um Müllmengen zu reduzieren und den Eintrag von Makro-, Meso-, und Mikroplastikpartikeln in die verschiedenen Umweltkompartimente zu verhindern. Abfall- sowie Abwassersysteme spielen dabei eine entscheidende Rolle. Auch in Bezug auf das sortenreine Recyceln von häuslichen Kunststoffabfällen besteht Verbesserungsbedarf. Mit entsprechenden politischen Anreizen und Zielen könnte Plastikmüll in Zukunft mit Hilfe von Trennverfahren sortenrein isoliert und im Recyclingverfahren anschließend mit der gleichen Wertigkeit wie Neuware generiert werden. Zudem stellt die Ausweitung von Pfandsystemen (gleich ob Mehrweg- oder Einwegpfandflaschen) eine sinnvolle Möglichkeit dar, die Kreislaufwirtschaft zu stärken. Eine Plastiksteuer und Verbote von Einwegplastikprodukten, seitens

der Politik, sind Möglichkeiten dieses Problem fokussierter anzugehen.

- Eine Alternative zu Einwegprodukten sind wiederverwertbare Mehrwegprodukte wie z. B. Mehrwegtragetaschen oder Mehrwegtrinkflaschen. Die Minimierung von Kunststoffabfällen stellt eine pragmatischere Herangehensweise an das Problem dar. Eine entsprechende Aufklärung der Menschen weltweit ist dafür notwendig. Wenn alle Menschen ein Bewusstsein für nachhaltigen Konsum entwickeln, indem sie mit der Problematik vertraut und mit dessen Auswirkungen konfrontiert werden, kann der Plastikkonsum insbesondere von Einwegprodukten einfach aber drastisch reduziert werden. Ist das Bewusstsein für die Problematik von Plastikmüll und dessen Auswirkungen entwickelt, ist zu erwarten, dass Menschen ihren Plastikkonsum „der Umwelt zu Liebe“ einschränken.
- Das Ziel für die Industrie muss sein, auf die Produktion und Verarbeitung von Kunststoffen jeglicher Art zu verzichten.

Die Politik muss in die Pflicht genommen werden, diesen Prozess mit Gesetzen und Anreizen zu steuern und zu unterstützen.

Die Wissenschaft muss durch intensive Forschung umweltverträgliche und umsetzbare Alternativen entwickeln.

Das Ziel für Konsumenten muss sein, auf den Gebrauch von Kunststoffen zu verzichten und damit Kunststoffemissionen zu verhindern.

Durch den Verzicht auf Produktion und Verarbeitung von Kunststoffen wird die Problematik der Kunststoffabfälle und die damit verbundenen Gefahren für Mensch, Tier und Umwelt eliminiert.

Bewusstsein der Akteure, Wissenschaft und Forschung und die Wirtschaft sind in einem Entwicklungs- und Erkenntnisprozess. Alternativen zu Kunststoffprodukten drängen zunehmend auf den Markt. Doch nicht jede ist aus ökologischer bzw. gesundheitlicher Sicht zu empfehlen. Biokunststoffe, Papiertüten und Bambusbecher sind keine umweltfreundlichen Alternativen.

Wie in Zukunft mit der Problematik umgegangen wird und welche Aussicht Kunststoffen bevorsteht, ist nicht absehbar. Die Menschen müssen erkennen, wie radikal unser Lebensstil den Planeten in einer einzigen Generation verändert hat und eingestehen, dass dieser Lifestyle so nicht weiter gehen kann.

12 Literaturverzeichnis

Andrady, A. L. (2011): Microplastics in the marine environment. In: Marine Pollution Bulletin, Vol. 62, No. 8, 1596-1605.

Barnes, D. K., Galgani, F., Thompson, R. C. & Barlaz, M. (2009): Accumulation and fragmentation of plastic debris in global environments. In: Philosophical Transactions of the Royal Society B: Biological Sciences, Vol. 364, No. 1526, 1985-1998.

Bertling, J., Bertling, R. & Hamann, L. (2018): Kunststoffe in der Umwelt: Mikro- und Makroplastik. Ursachen, Mengen, Umweltschicksale, Wirkungen, Lösungsansätze, Empfehlungen. Kurzfassung der Konsortialstudie, Fraunhofer-Institut für Umwelt-, Sicherheits- und Energietechnik Umsicht. (Hrsg.), Oberhausen, 56 S. Im Internet verfügbar: publica.fraunhofer.de

Bertling, R., Bertling, J. & Hiebel M. (2015): Mikroplastik – Umsicht nimmt Stellung, Umsicht Positionspapiere, Fraunhofer-Institut für Umwelt-, Sicherheits- und Energietechnik Umsicht (Hrsg.), https://www.umsicht.fraunhofer.de/content/dam/umsicht/de/dokumente/publikationen/2015/positionspapier-mikroplastik.pdf, Eingesehen am: 21.07.2019.

Betker, F. (2015): Risiken durch Mikroplastik und die Ambivalenz von Plastikkreisläufen. Ein sozial-ökologischer Aufriss. In: GAIA, Vol. 24, No. 2, 130-131.

Birnbaum, L. S., Staskal, D. F. (2004): Brominated flame retardants: cause for concern? In: Environmental Health Perspectives, Vol. 112, No. 1, S. 9-17.

Curlee, T. R. & Das S. (1991): Plastic Wastes. Management, Control, Recycling, and Disposal. Washington, DC, 478 S.

Domininghaus, H. (1998): Die Kunststoffe und ihre Eigenschaften. Berlin Heidelberg, 1293 S.

DUH (Deutsche Umwelthilfe) (2018): Bioplastik – Mythen und Fakten. https://www.duh.de/fileadmin/user_upload/download/Projektinformation/Kreislaufwirtschaft/Verpackungen/180220_DUH_Infopapier_Bioplastik_de_eng.pdf, Eingesehen am: 22.07.2019.

EC (European Commission) (2007): Reference Document on Best Available Techniques in the Production of Polymers. http://eippcb.jrc.ec.europa.eu/reference/BREF/pol_bref_0807.pdf, Eingesehen am: 20.06.2019.

Ehrenstein, G. W. (2011): Polymer Werkstoffe. Struktur – Eigenschaften – Anwendung. München, 346 S.

Essel, R., Engel, L. & Carus, M. (2014): Quellen für Mikroplastik mit Relevanz für den Meeresschutz in Deutschland. https://www.umweltbundesamt.de/sites/default/files/medien/378/publikationen/texte_63_2015_quellen_fuer_mikroplastik_mit_relevanz_fuer_den_meeresschutz_1.pdf, Eingesehen am: 05.07.2019.

Fath, A. (2019a): Mikroplastik. Verbreitung, Vermeidung, Verwendung. Villingen-Schwenningen, 303 S.

Fath, A. (2019b): Mikroplastik kompakt. Wissenswertes für alle. Wiesbaden, 64 S.

FAZ (2019): Stiftung Warentest warnt vor Bambusbechern. https://www.faz.net/aktuell/wirtschaft/nachhaltige-alternativen-wie-gut-sind-bambusbecher-wirklich-16298364.html, Eingesehen am: 24.07.2019.

Freitag (2018): Das Plastik-Paradox. https://www.freitag.de/autoren/the-guardian/das-plastik-paradox, Eingesehen am: 30.07.2019.

Heinrich-Böll-Stiftung & BUND (2019): Plastikatlas. Daten und Fakten über eine Welt voller Kunststoff. https://www.bund.net/fileadmin/user_upload_bund/publikationen/chemie/chemie_plastikatlas_2019.pdf, Eingesehen am: 24.07.2019.

Hellerich, W., Harsch, G. & Baur, E. (2010): Werkstoffführer Kunststoffe. Eigenschaften – Prüfungen – Kennwerte. München, 604 S.

Liebmann, B. (2015): Mikroplastik in der Umwelt. Vorkommen, Nachweis und Handlungsbedarf. https://www.umweltbundesamt.at/fileadmin/site/publikationen/REP0550.pdf, Eingesehen am: 27.06.2019.

Morlok, J., Leiterer V., Paul, L., Heinritz, H. & Fischer, A. (1998): Über den ewigen Kampf gegen den Müll. Arbeitsgemeinschaft Unterfranken. Würzburg, 57 S.

NABU (2016): Kunststoffabfälle in Deutschland. Aufkommen, Steigerung, Trends. https://www.nabu.de/imperia/md/content/nabude/abfallpolitik/181018_nabu_kunststoffabfaelle.pdf, Eingesehen am: 22.07.2019.

NABU (2019a): Der NABU-Mehrweg-Guide. Die wichtigsten Fragen und Antworten zu Mehrweg und Einweg. https://www.nabu.de/umwelt-und-ressourcen/ressourcenschonung/einzelhandel-und-umwelt/mehrweg/nabumehrwegguide.html, Eingesehen am: 31.07.2019.

NABU (2019b): Parkbänke im Überfluss. Der Herstellung neuer Kunststoff-Recyclingprodukte sind Grenzen gesetzt. https://www.nabu.de/umwelt-und-ressourcen/abfall-und-recycling/recycling/12591.html, Eingesehen am: 30.07.2019.

Orange (2017): Sind Papiertüten wirklich umweltfreundlicher als Plastiktüten? https://orange.handelsblatt.com/artikel/31005, Eingesehen am: 24.07.2019.

Pretting, G. & Boote, W. (2014): Plastic Planet. Die dunkle Seite der Kunststoffe. Freiburg, 222 S.

Schwedt, G. (2013): Plastisch, elastisch, fantastisch - Ohne Kunststoffe geht es nicht. Weinheim, 200 S.

Shah, A. A., Hasan, F., Hameed, A. & Ahmed, S. (2008): Biological degradation of plastics: A comprehensive review. In: Biotechnology Advances, Vol. 26, No. 3, 246-265.

Spiegel (2017): Aldi verbannt Plastiktüten – Papiertüten aber auch. https://www.spiegel.de/wirtschaft/unternehmen/aldi-schafft-plastiktueten-ab-papiertueten-aber-auch-a-1159481.html, Eingesehen am: 24.07.2019.

Spiegel (2018): Papiertüten sind auch nicht besser. https://www.spiegel.de/wissenschaft/technik/plastikmuell-papiertueten-sind-auch-nicht-besser-a-1187462.html, Eingesehen am: 24.07.2019.

Spiegel (2019): Aldi verlangt künftig auch für dünne Plastiktüten Geld. https://www.spiegel.de/wirtschaft/service/aldi-auch-duenne-plastiktueten-kosten-kuenftig-geld-a-1271732.html, Eingesehen am: 24.07.2019.

UBA (Umweltbundesamt) (2015a): Mikroplastik: Entwicklung eines Umweltbewertungskonzepts. Erste Überlegungen zur Relevanz von synthetischen Polymeren in der Umwelt. https://www.umweltbundesamt.de/sites/default/files/medien/378/publikationen/texte_32_2016_mikroplastik_entwicklung_eines_umweltbewertungskonzeptes.pdf. Eingesehen am: 20.06.2019.

UBA (Umweltbundesamt) (2015b): Vorsorgeprinzip. https://www.umweltbundesamt.de/themen/nachhaltigkeit-strategien-internationales/umweltrecht/umweltverfassungsrecht/vorsorgeprinzip, Eingesehen am: 03.08.2019.

UBA (Umweltbundesamt) (2019): Kunststoffe in der Umwelt. https://www.umweltbundesamt.de/sites/default/files/medien/1410/publikationen/190515_uba_fb_kunststoffe_bf.pdf, Eingesehen am: 18.07.2019.

UNEP (United Nations Environment Programme) (2018): Single-Use-Plastics. A Roadmap for Sustainability. https://wedocs.unep.org/bitstream/handle/20.500.11822/25496/singleUsePlastic_sustainability.pdf?isAllowed=y&sequence=1, Eingesehen am: 25.06.2019.

WWF (World Wide Fund For Nature) (2019): Plastik umgibt uns: Auch in unserer Nahrung, Wasser und Luft. https://www.wwf.de/themen-projekte/meere-kuesten/plastik/plastik-umgibt-uns-auch-in-unserer-nahrung-wasser-und-luft/, Eingesehen am: 03.08.2019.

ZDF (2019): EU-Verbot von Mikroplastik. Kunstrasenplätze in Gefahr. https://www.zdf.de/nachrichten/heute/eu-verbot-von-mikroplastik-kunstrasenplaetze-in-gefahr-100.html, Eingesehen am: 22.07.2019.

Zeit (2018): Die Weltmüllkippe schließt. https://www.zeit.de/wirtschaft/2018-01/muellexporte-china-plastikmuell-recycling, Eingesehen am: 23.07.2019.

Zeit (2019): EU verbietet ab 2021 Einweggeschirr und Strohhalme aus Plastik. https://www.zeit.de/politik/2019-03/einweg-verbot-plastikmuell-meere-eu-parlament, Eingesehen am: 23.07.2019.

Internetabbildungen:

https://nabu-garbsen.de/plastik-fluch-der-meere/

https://www.bund.net/themen/meere/mikroplastik/hintergrund/